U0107710

后浪出版公司

CAFÉ GRAPHIE

咖啡图解小百科

[法]安妮·卡隆 著 [法]梅洛迪·当蒂尔克 绘

梁浩漪 译

四川文艺出版社

本书插图系原文插图，地图为原书手绘图，非标准地图。

目录

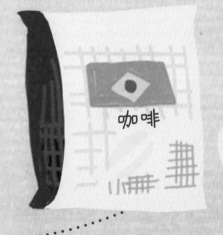

咖啡

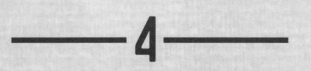

真的。这是生产者、咖啡烘焙师和消费者三方面知识和技能的集合。

消费者

咖啡烘焙师

生产者

每一杯咖啡都是一段旅程。悉心选择适宜的种植环境，成熟度最佳时采收、分拣，咖啡果经过脱浆、干燥、去壳、筛选等一系列工序后成为咖啡生豆。

烘焙咖啡豆时，需要听声音、闻味道、焙炒、预测和品尝，然后反复试验，直到确定烘焙方案。

如同艺术创作一样，需要精心地挑选、研磨、制作，力求萃取咖啡中所有的风味与香气。

除了对咖啡的一腔热爱，我们也秉持着同样的信念，坚信我们的选择可以创造极致。

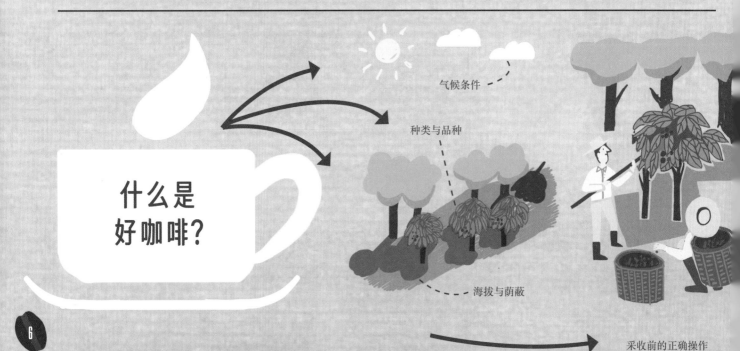

什么是
好咖啡？

气候条件

种类与品种

海拔与荫蔽

采收前的正确操作

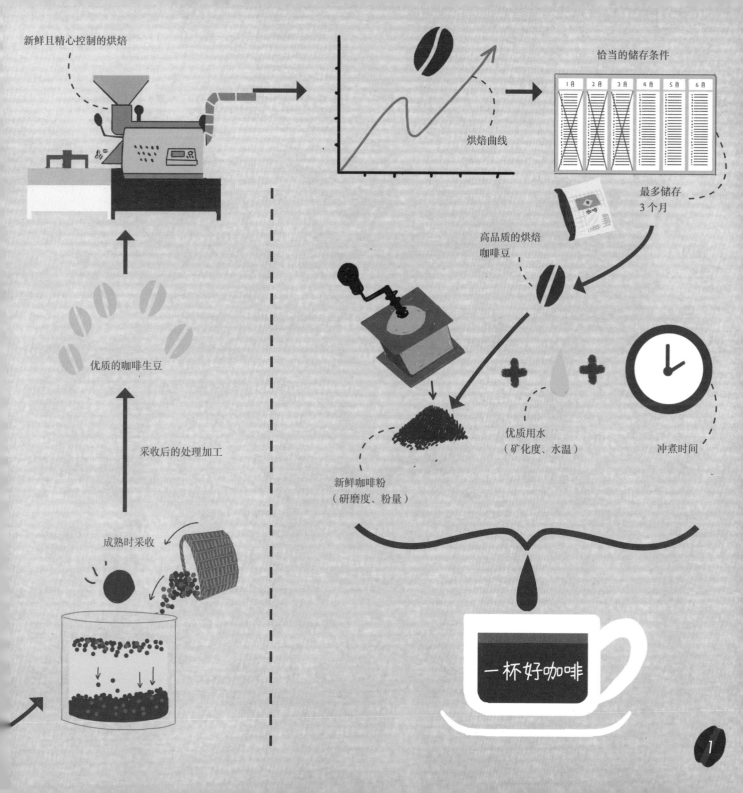

新鲜且精心控制的烘焙

烘焙曲线

恰当的储存条件

| 1月 | 2月 | 3月 | 4月 | 5月 | 6月 |

最多储存
3个月

高品质的烘焙
咖啡豆

优质的咖啡生豆

优质用水
（矿化度、水温）

冲煮时间

采收后的处理加工

新鲜咖啡粉
（研磨度、粉量）

成熟时采收

一杯好咖啡

1
咖啡从哪里来？

是真的吗

咖啡的起源

假的。咖啡的起源没有那么久远。不同于茶、啤酒和葡萄酒,咖啡是一种现代饮品。据可靠记载,人们从 14 世纪才开始大范围饮用咖啡。

传说

山羊和人类一样,每天劳作 12 小时……突然有一天,羊群开始不眠不休……

伊玛目[1] 说:"你的羊一定是吃了什么有毒的东西。"

牧羊人递给他一根树枝后说:"就是这种充满魔力的植物。"

每个夜晚,切霍德修道院[2]的祷告者和僧侣们用这种来自卡法[3]的植物熬汤饮用(阿比西尼亚[4]的黑人基督徒穿越红海来到此地时带来了这种树)。它也被称为"卡瓦"(kavah),能使人兴奋、愉悦、精神焕发。

——安东尼奥·福斯托·奈罗内(Antonio Fausto Nairone,马龙派[5] 先贤),1671 年

除了切霍德修道院的传说以外,近代历史也有牧羊人卡尔迪(Khaldi)的传说,因此,咖啡发源地可以概括为埃塞俄比亚和也门。

咖啡的起源

1 一千多年以来,埃塞俄比亚西南部的奥罗莫族(Oromo)和邦加族(Bonga)以各种形式饮用咖啡,有的浸泡咖啡树叶,有的用晒干的咖啡果肉熬汤,或者将叶子切碎后与油脂一起炒制。

2 哈勒尔(Harrar)是埃塞俄比亚的一座商业城市,奥罗莫族与来自也门和开罗的阿拉伯商人在这里进行贸易。14 世纪时,正是在这里出现了烘焙咖啡饮品。伊斯兰教苏非派(al-Taṣawwuf)的朝圣者也经常光顾这座城市。他们被这种饮品深深吸引,进而促进了咖啡在全球范围的传播。

1. 伊斯兰教教职,阿拉伯语 Imam 的音译,原意为"领袖""站在前列者"等,指率领信徒做礼拜的人。
2. 位于也门。
3. 埃塞俄比亚西南部的卡法(Kaffa)地区,或指埃塞俄比亚历史上曾经存在的卡法王国。
4. 阿比西尼亚帝国(Abyssinie),埃塞俄比亚的前身。
5. 马龙派(Maronite)是东仪天主教会最大分支之一,尤其盛行于现代黎巴嫩。

4 1554 年，来自叙利亚北部城市阿勒颇（Alep）的哈基姆（Hakim）和来自大马士革的杰姆（Djem）在君士坦丁堡的金角湾（Corne d'Or）创建了第一家咖啡店。随着奥斯曼帝国日渐兴盛，咖啡逐步成为这里日常生活的一部分。

诗人吟唱着："咖啡热潮所到之处，人们无不为之折服……葡萄酒被指有伤风化，咖啡的芳香最终驱散了酒气，弥漫至今……"

从君士坦丁堡开始，咖啡很快赢得了欧洲人的心。

维也纳

威尼斯

君士坦丁堡

开罗

麦加

3 作为一种既有仪式性又有药用功效的饮品，阿拉比卡（Arabica）咖啡在阿拉伯半岛越来越受欢迎。先知禁止人们喝酒，却不禁止喝咖啡，因为咖啡能使人保持清醒，有助于祷告和辩论。

摩卡港

哈勒尔

卡法

咖啡禁令 ————

在麦加（1511 年）、开罗（1521 年）和英国（1676 年）等城市或国家，咖啡都曾被禁过一段时间，理由是：它会引起精神躁动，影响公共秩序。

是真的吗

咖啡种植与殖民化进程息息相关

真的。17 世纪末，欧洲商行与殖民国家的兴起促使咖啡迅速传播。

咖啡的航程 ———————

1 咖啡起源于埃塞俄比亚。大约在 1620 年，苏非派僧侣巴巴·布丹（Baba Budan）将 7 颗铁皮卡（Typica）咖啡的种子从也门 **2** 带到印度西南部的马拉巴尔海岸（Malabar Coast）种植 **3**。

3 波旁（Bourbon）咖啡于 1715 年被引入波旁岛——即今天的留尼汪（Reunion Island），它是阿拉比卡咖啡古老的品种之一。

当时，荷兰东印度公司占据海上霸主地位，拥有众多商行。它最先将咖啡从印度带到斯里兰卡和印度尼西亚 **4**。

波旁咖啡的广泛传播要晚一些，约在 1860 年，从巴西 **4** 传播至整个南美洲。尽管波旁种产量低，且容易遭受病害，但它至今仍是主要种植品种之一。

格陵兰

加拿大

美国

7 马提尼克岛（法）

8

9

巴西
4

● ：铁皮卡

● ：波旁

不同品种

今天，世界上种植的大部分阿拉比卡种都源自铁皮卡和波旁；另一些则是与其他品种杂交产生的，以及后来发现的一些新品种，比如爪哇（Java）和瑰夏（Geisha）。

咖啡与殖民化

咖啡是一种劳动密集型作物。大型种植园通过奴役当地劳动力，使得种植面积迅速扩大。

1706 年，铁皮卡树种被带到阿姆斯特丹植物园 **5**，由植物学家加斯帕·高姆兰（Gaspard Commelin）进行栽培，之后又将其提供给其他植物园。1714 年，铁皮卡进入了法国国王的花园 **6**。1753 年，阿姆斯特丹著名的博物学家卡尔·冯·林奈（Carl Von Linné）将其命名为咖啡属阿拉比卡种铁皮卡（*Coffea arabica* 'Typica'）。铁皮卡这个词有"典型"之意。

1723 年，路易十五命海军陆战队上尉加布里埃尔·德·克里奥（Gabriel de Clieu）将其引入法属马提尼克岛（Martinique）**7**。

咖啡又相继出口哥斯达黎加 **8** 和苏里南 **9**，随后征服了整个拉丁美洲。

俄罗斯

阿姆斯特丹

欧洲

中国

印度

马拉巴尔海岸

非洲

埃塞俄比亚

斯里兰卡

印度尼西亚

留尼汪（法）

澳大利亚

是真的吗

咖啡就是咖啡，没什么区别

假的。咖啡和咖啡是不一样的，有好有坏。咖啡的传播及其用途演变促进了咖啡消费。它可以提神醒脑，使人兴奋，这种功效让咖啡在工业革命中成为人们的好战友。

速溶咖啡

1881 年：法国人阿尔方丝·阿莱斯（Alphonse Allais）为用作军队供给的加糖速溶咖啡申请专利。

1938 年 4 月：雀巢公司推出 Nescafé®，这是第一款市售速溶咖啡。这项成果源于对咖啡储存方法的研究，目的是避免生产过剩造成的损失，尤其是在巴西。速溶咖啡随即获得了参与第二次世界大战的军队的青睐。

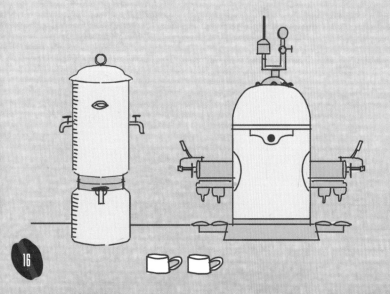

柜台咖啡

从 1853 年开始：法国主要使用的是渗滤式大咖啡壶（percolateurs），这种机器由巴黎罗盖特区的金属厂制造。咖啡馆制作的咖啡一般加糖，有时加奶。

1884 年：意大利的莫里翁多（Moriondo）发明了第一台意式浓缩咖啡机。1901 年，贝泽拉（Bezzera）对它进行了工艺改良。此专利于 1905 年被帕沃尼（Pavoni）买下，改进后投入工业化生产。直到第二次世界大战结束后，意式浓缩咖啡机才出现在法国。

75%

45%

20 世纪初，咖啡种植获得强大的殖民国家——法国——的支持。1970 年，全世界咖啡消费中罗布斯塔种（Robusta）占比为 75%。现在，这个比例变为罗布斯塔占 45%，阿拉比卡占 55%。

工业革命中期出现了"expresso"一词，既指"意式浓缩咖啡"，也指"特快列车"。

1959 年： 咖啡烘焙专业联合会创造了"咖啡时间"这一概念，其意在促进消费，因为两次世界大战后，咖啡市场份额受到了菊苣饮品的巨大冲击。

从 1985 年起： 迅猛扩张的大型零售商开始储存新鲜烘焙的咖啡，当地的烘焙商因此受到冲击。烘焙商的数量从 1980 年的 3000 家下降到 2010 年的 850 家。

咖啡浪潮

人们常常提到"咖啡浪潮"，这个说法来自美国。第三波和第四波咖啡浪潮在法国引起热烈反响。第三波宣扬传统烘焙回归；第四波提倡从烘焙商到生产者的全程可追溯性。

2010 年以来，法国在第四波咖啡浪潮精神的影响下，新一代手工烘焙商应运而生。他们与老一代烘焙商共同致力于复兴咖啡烘焙行业。他们让高品质咖啡的价值得到提升，生产者也能因此获得更丰厚的回报。2018 年，法国已经拥有超过 1100 家烘焙商。

是真的吗

咖啡生产国
约有 20 个

假的。整个热带地区（约 60 个国家）都种植咖啡，咖啡是这些国家宝贵的外汇来源。由于各国情况不同，发展进程也各不相同。

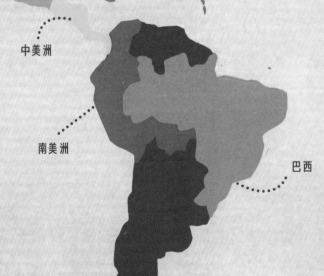

加勒比地区

墨西哥

十大咖啡生产国

- 巴西：第 1 位 - 32.2%
- 越南：第 2 位 - 18.6%
- 哥伦比亚：第 3 位 - 8.8%
- 印度尼西亚：第 4 位 - 6.9%
- 洪都拉斯：第 5 位 - 5.3%
- 埃塞俄比亚：第 6 位 - 4.8%
- 印度：第 7 位 - 3.7%
- 乌干达：第 8 位 - 3.2%
- 墨西哥：第 9 位 - 2.5%
- 危地马拉：第 10 位 - 2.4%

中美洲

南美洲

巴西

非洲

各国面临的挑战包括农业人口老龄化、劳动力成本上升、气候变化、资金短缺，以及生产成本上涨。

除了大众咖啡生产者，还出现了新一代的生产者，他们对创新、品质和可持续发展抱有满腔热忱。他们寻求与烘焙商建立长期伙伴关系，共同面对行业的各项挑战。

行业人力现状

- 咖啡行业创造了 1.25 亿个就业机会。

- 小生产者（平均种植面积 <5 公顷）数量为 2000 万至 2500 万，产量约占全球总产量的 70%。

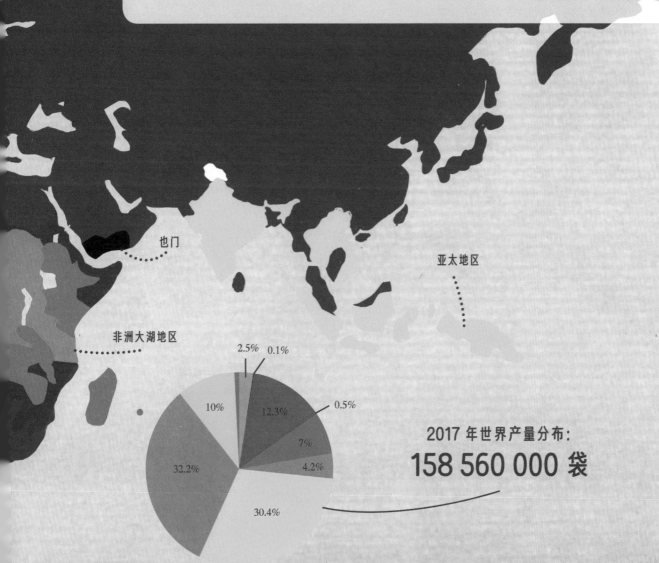

也门

亚太地区

非洲大湖地区

2.5% 0.1%

0.5%

10% 12.3%

7%

32.2% 4.2%

30.4%

2017 年世界产量分布：
158 560 000 袋

是真的吗

巴西可以决定世界咖啡价格

真的。1840 年以来，巴西作为咖啡豆的主要生产国，拥有举足轻重的影响力。农场规模、生产方式，以及公共领域或私人领域的投资等因素使其成为理想的咖啡产地。

36 191 903 袋阿拉比卡
和 12 361 419 袋罗布斯塔

300 000 个农场

1 949 916 公顷

20 公顷 / 生产者
或大型种植园

主要品种：新世界（Mundo Novo）、卡杜拉（Caturra）、伊卡图（Icatu）、波旁

历史

1727 年以来，大庄园一直将奴隶当作廉价劳动力，直到 19 世纪中期，欧洲移民取代了奴隶。许多产区自此在平地上实现了机械化。

当地的咖啡行业一直带有政治性，以产量为导向，种植和产品储备获得的资金支持是其他生产国无法比拟的。

生产系统

以全日照种植为主，密集施用农业化学品。数千公顷的种植园与平均种植面积 20 公顷的家庭农场并存，他们将产品供应给合作社。

集约型生产方式也可以出产好咖啡。为了实现人与自然和谐发展，出现了创新的混农林法。这类方法虽产量较低，但得益于精品咖啡市场的发展而存在，因为精品咖啡市场甘愿为环境、服务和咖啡品质买单。

地理条件

强烈光照和定期降雨为全日照种植提供了条件。总体地势平坦，一些地区采用灌溉。通过机械化采收和作业，过去 10 年间，在种植面积没有增加的情况下，产量增加了一倍多。

巴西

朗多尼亚

巴伊亚

塞拉多－米内罗

马塔斯－迪米纳斯

圣埃斯皮里图

摩吉安娜
马里利亚和加西亚

南米纳斯

巴拉纳州

杯中风味

巴西咖啡温和低酸，醇厚度适中，带有坚果风味。但是它的缺陷也有目共睹。它通常被用于商业拼配，占拼配豆产量的 50%。不过，也有十分出色的精品咖啡作为单一产地咖啡出售。

各产区产量占比

2%

5%

5%

9%

8%

7%

29%

16%

19%

21

是真的吗

哥伦比亚
咖啡
非常棒

真的。哥伦比亚咖啡的品质广受赞誉，品牌形象突出，是国际市场上最受瞩目的咖啡之一。

关键数据

560 000个种植户

14 000 000袋咖啡

940 000公顷

1.67公顷 / 生产者

每年 1～2 次采收

主要品种：卡杜拉（50%）、卡斯蒂略（Castillo）、哥伦比亚、塔比（Tabi）、卡蒂姆（Catimor）

历史

1927 年，哥伦比亚国家咖啡种植协会（FEDECAFE）成立，这对于哥伦比亚咖啡业的发展、组织和提升至关重要，协会针对咖啡这一历史悠久的战略性行业，出台了独特、创新且雄心勃勃的全国性政策。

哥伦比亚

地理条件

起伏不平的地形、肥沃的火山土、陡峭的山坡和当地气候条件，这些对咖啡种植来说十分理想。咖啡种植与可可种植一直处于竞争关系。可可也是一种多年生高原作物，同咖啡一样，可以提神，且利润颇丰。

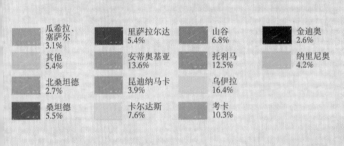

瓜希拉、塞萨尔 3.1%	里萨拉尔达 5.4%	山谷 6.8%	金迪奥 2.6%
其他 5.4%	安蒂奥基亚 13.6%	托利马 12.5%	纳里尼奥 4.2%
北桑坦德 2.7%	昆迪纳马卡 3.9%	乌伊拉 16.4%	
桑坦德 5.5%	卡尔达斯 7.6%	考卡 10.3%	

生产系统

95% 的咖啡种植户生产面积不足 5 公顷。除了典型的集约型全日照种植方式，当地也实行产量较低的混农林法，这些措施直指更加重视品质、新兴的精品咖啡市场。

杯中风味

品质稳定、酸度轻柔、醇厚度适中、饱满圆润、风味多样，主要偏巧克力和水果香气。以水洗咖啡为主，水洗咖啡有时叫作柔和的（los suaves）或芳香的（los aromáticos）。优质的日晒咖啡也日渐增多。

是真的吗

所有中美洲国家都生产咖啡

假的。中美洲的国家除伯利兹外都生产咖啡。这些国家西部的火山地带为主要种植区。

历史

17 世纪末，中美洲开始种植咖啡，中美多国因此得以建立和巩固，而不同国家当前的发展可谓各有千秋。80% 的生产者种植面积不足 5 公顷。在多样化的混农林系统中，阿拉比卡咖啡种植区的海拔从 800 米到 2000 米不等。

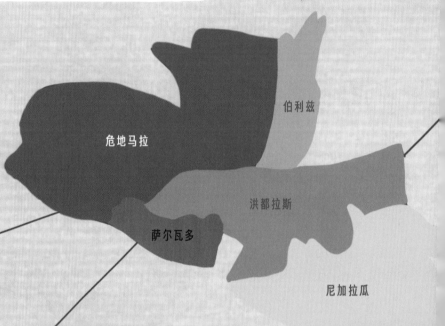

伯利兹

危地马拉

洪都拉斯

萨尔瓦多

尼加拉瓜

哥斯达黎加

危地马拉

 3 400 000 袋咖啡

 国内咖啡消费：
1.27 千克 /（年·人）

 90 000 个种植户

 274 000 公顷

萨尔瓦多

 762 000 袋咖啡

 国内咖啡消费：
2.6 千克 /（年·人）

 22 225 个种植户

 140 000 公顷

哥斯达黎加

 219 000 袋咖啡

 国内咖啡消费：
2.76 千克 /（年·人）

 41 339 个种植户

 84 133 公顷

洪都拉斯

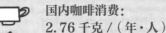
5 800 000 袋咖啡

国内咖啡消费：
2.76 千克 /（年·人）

102 047 个种植户

290 650 公顷

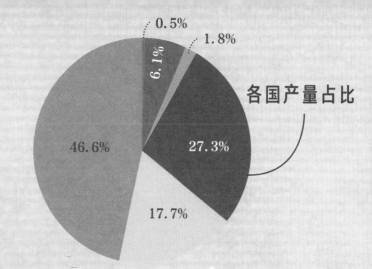

各国产量占比

0.5%
1.8%
6.1%
27.3%
46.6%
17.7%

尼加拉瓜

2 200 000 袋咖啡

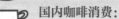
国内咖啡消费：
2.08 千克 /（年·人）

45 520 个种植户

127 000 公顷

巴拿马

67 000 袋咖啡

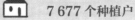
国内咖啡消费：
1.27 千克 /（年·人）

7 677 个种植户

19 240 公顷

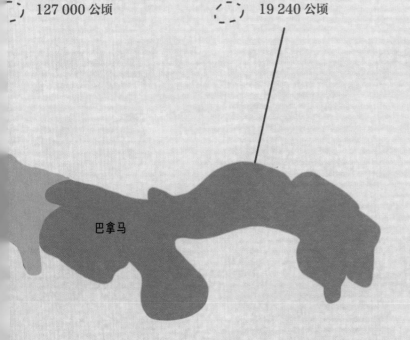

巴拿马

杯中风味 ——————

以有酸味、芳香馥郁的水洗咖啡为主，近年来也出现了一些优秀的蜜处理咖啡和日晒咖啡。

前景展望 ——————

中美洲有许多国际性研究机构。为了抵御气候变化、叶锈病和咖啡价格走低带来的冲击，生产者与研究机构正在一同探索解决之道。另外，该地区在咖啡品质与市场营销方面也处于创新的前沿。

25

是真的吗

埃塞俄比亚是咖啡的摇篮

真的。埃塞俄比亚是阿拉比卡咖啡的发源地。这个古老产地的咖啡因风味雅致、特征鲜明而享有盛誉。咖啡爱好者通常称之为埃塞俄比亚摩卡咖啡。

100万~400万种植户

700 000公顷

1~4公顷/生产者

7 650 000 袋咖啡

主要品种:
埃塞俄比亚原生种

生产系统

粗放型种植
45%为庭院咖啡;
45%为森林或半林地咖啡;
10%为集约生产的种植园咖啡

历史

千百年来,这里的人们一直在采集西南部森林中的咖啡果。从 13 世纪起,哈勒尔(Harar)和也门相继开始种植咖啡。17 世纪末以前,只有这两个产地出口咖啡。咖啡通过摩卡港(Mocha)出口,于是有了摩卡咖啡(moka)的叫法。

地理条件

埃塞俄比亚咖啡分为 6 个主要产区,各异的风土和采收后不同的处理方式,使每个产区的咖啡都有独特的风味。

原生种

原生种(Heirloom)是埃塞俄比亚本土特有的原生品种的统称,它们不是实验室挑选栽培出来的品种。原生种主要来自西南部和东部东非大裂谷地带的野生森林,它们构成了一个不可思议的基因库,为未来对风味、抗病性、气候变化适应力等潜在特性的开发提供无限可能。

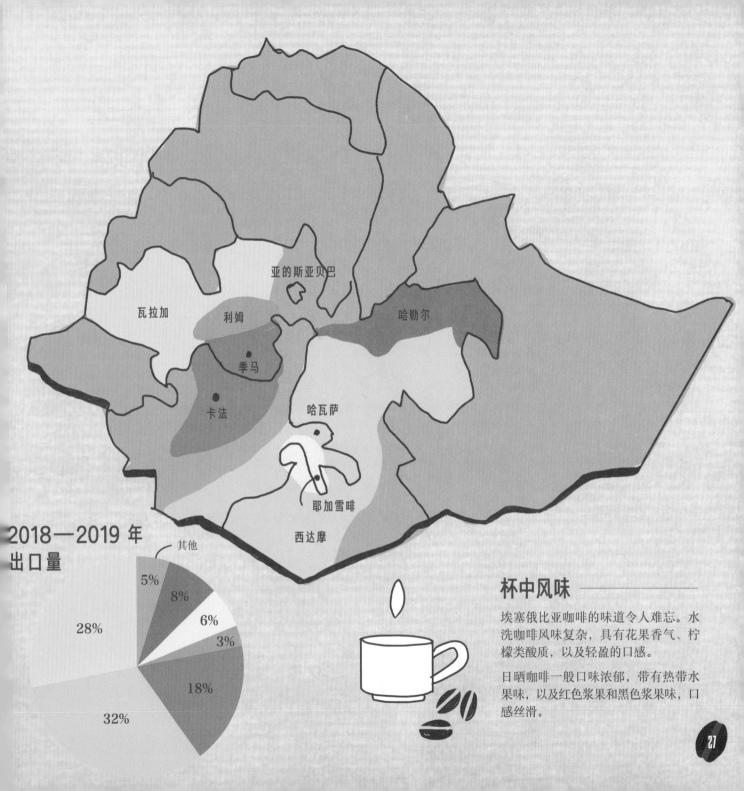

亚的斯亚贝巴

瓦拉加

利姆

哈勒尔

季马

卡法

哈瓦萨

耶加雪啡

西达摩

2018—2019 年
出口量

其他

5%

8%

6%

3%

28%

18%

32%

杯中风味 ————

埃塞俄比亚咖啡的味道令人难忘。水洗咖啡风味复杂，具有花果香气、柠檬类酸质，以及轻盈的口感。

日晒咖啡一般口味浓郁，带有热带水果味，以及红色浆果和黑色浆果味，口感丝滑。

是真的吗

印度
只生产
茶叶

假的。虽然印度咖啡没那么知名，但它还是拥有一些标志性咖啡，如马拉巴尔季风咖啡（Monsoon Malabar）。

5 267 000 袋：
29% 为阿拉比卡
71% 为罗布斯塔

1.1公顷 / 生产者

562 000 个种植户

主要品种：罗布斯塔、S795、S9、肯特（Kent）、考弗利（Cauvery）

400 000 公顷

历史

约在 1620 年，当地农民开始种植咖啡。1820 年以后，英国殖民者在当地建立了大型种植园，用于咖啡种植。

生产系统

罗布斯塔咖啡和阿拉比卡咖啡种植在果树或其他树木的荫蔽下，且通常与香料种在一起。这些混农林系统是世界上最具多样性的系统之一。现在，人们倾向于采用短期内回报更高的生产方式，这种商业逻辑正在威胁物种多样性。

地理条件

在西高止山（Western Ghats）两侧有三个传统产区：卡纳塔克邦（Karnataka）、喀拉拉邦（Kerala）和泰米尔纳德邦（Tamil Nadu）。因为漫长的旱季与 7 个月的季风季节，咖啡需要在荫蔽下生长，有时还需要灌溉。

各产区产量（2018—2019）

卡纳塔克邦吉格默格卢尔	23%
卡纳塔克邦库纳古	38%
卡纳塔克邦哈桑	10%
喀拉拉邦	20%
泰米尔纳德邦	5%
非传统产区	4%

安得拉邦

吉格默格卢尔

卡纳塔克邦

哈桑

库纳古

比利吉里斯

舍瓦罗伊斯

尼尔吉里斯

泰米尔纳德邦

喀拉拉邦

阿纳马莱斯 帕拉尼斯

杯中风味

马拉巴尔季风咖啡是印度最有代表性的咖啡，以其独特的生产方式而得名。这种咖啡味道温和、无酸味、带有木质气息、口感柔滑圆润且余韵绵长。追求香气更细腻、酸度更高、风味更复杂咖啡的新趋势正在兴起。

是真的吗

印度尼西亚是新兴咖啡生产国

假的。印度尼西亚是较早的咖啡生产国之一，早在 1696 年就从印度引入了铁皮卡咖啡。

苏门答腊岛

加里曼丹岛

爪哇岛

巴厘岛

关键数字

10 902 袋咖啡：15% 阿拉比卡，85% 罗布斯塔

1 550 000 个种植户

0.75 公顷 / 生产者

1 160 000 公顷

主要品种：罗布斯塔、帝汶杂交种（hybride de Timor）、铁皮卡、卡杜拉、卡蒂姆

认证

马克斯·哈弗拉尔

《马克斯·哈弗拉尔》（Max Havelaar）：这是荷兰作家穆勒塔图利（Multatuli）出版于 1860 年的一部小说。故事发生在爪哇，小说谴责了荷属东印度群岛的殖民剥削，在荷兰引发了巨大轰动，并掀起了思想进步运动。此次运动倡导推行"道德政治"，改善当地人的境遇。公平贸易（Fairtrade）的前身创立于 1988 年，即以此命名。

生产系统

阿拉比卡种植园规模较小，多建于坡地；平坦地区的大型种植园一般种植罗布斯塔，实行全日照种植。绝大部分咖啡种植户（96%）的种植面积不足 1 公顷。

杯中风味

印尼咖啡，尤其是湿刨咖啡，带有木质和烟草风味，口感浓郁，有轻微醋酸味。近年出现的一些优质咖啡会呈现红色浆果与热带水果风味。

苏拉威西岛

努沙登加拉群岛

历史

咖啡由荷兰人引入印度尼西亚，在荷属东印度群岛时期，最初的大型种植园被划分为多个小型农场，实行共同开发。1876 年，可怕的咖啡叶锈病席卷亚洲，此后，罗布斯塔种取代了阿拉比卡种。

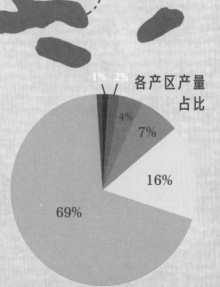

1%　2%　**各产区产量占比**

4%

7%

16%

69%

地理条件

印度尼西亚是火山群岛，其中有 6 个岛种植咖啡。人口密度使其无法真正扩大生产规模。多样的降雨条件、广阔的平地和火山岭地，这些让不同产区可以根据自身情况选择种植罗布斯塔咖啡或阿拉比卡咖啡。

代表性处理法

猫屎咖啡（Kopi Luwak）：这种咖啡十分罕见，令人垂涎，尤其是通过野生麝香猫产出的咖啡。

湿刨法（Wet hulled 或 Giling Basah）：这是印度尼西亚的标志性工艺，蓝绿色咖啡豆是其显著特征。

31

是真的吗

法国
并不种植
咖啡

假的。法国海外省和海外领地对咖啡种植的传播至关重要，但这些地方的生产情况没有明确记载。一部分人致力于促进生产改革和组织化，并且取得了令人骄傲的成果。

海岛效应

凉爽的海风带来的海岛效应，使低海拔地区也可以种植优质的阿拉比卡咖啡。

瓜德罗普

约 20 个种植户—15 吨—20 公顷—1723 年（铁皮卡）

大约在 1930 年，香蕉取代了咖啡，但咖啡正在复兴。多位业内人士正在组建核心团队，扶持咖啡业。其余咖啡种植户可以通过庭院种植获得一部分额外收入。

瓜德罗普

马提尼克

马提尼克

10 个种植户—4 公顷—1723 年（铁皮卡）

19 世纪初，咖啡生产到达顶峰，随后被甘蔗和香蕉取代。1723 年，德·克里奥（De Clieu）带来了铁皮卡树种，其后代一直续存至今，当地国家公园希望利用这些咖啡树生产高附加值的优质咖啡。

新喀里多尼亚（法）

新喀里多尼亚

约60个种植户—2.4吨—1856年（阿拉比卡）和1910年（罗布斯塔）

法国政府主导的种植项目使此地咖啡种植面积从1930年的900公顷增加到1955年的6300公顷。20世纪50年代开始，矿业发展优先于农业，导致咖啡产量持续下降。1985年以后，岛上的咖啡产量已无法实现自给自足。

罗布斯塔（70%）分布在东海岸，阿拉比卡（30%）分布在西部。

留尼汪

留尼汪

60个种植户—3吨—30公顷—1719年（波旁）

尖身波旁（Bourbon pointu），学名劳里纳（*Coffea arabica* 'Laurina'），是咖啡行家公认的标志性咖啡。作为世界上最昂贵的咖啡之一，它的产量至今依然很低。

啊！
同意……

前景展望

咖啡让位于其他更有经济价值的作物，因此长期受到忽视。咖啡在品质和生产成本方面不具备优势，只有市场对这些产地所生产优质咖啡形成需求，咖啡种植才能振兴。

2

咖啡生豆是怎么生产的？

是真的吗

咖啡是树上生长出来的

真的。咖啡树是一种灌木，在种植园中通常被修剪为 2～3 米高。咖啡豆是咖啡树的果实——咖啡果中包含的种子。每颗咖啡果中含有两粒咖啡豆。

咖啡生产是遗传学、知识、风土、社会经济条件、传统和许多其他因素的融合。

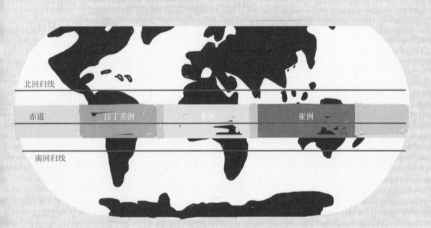

咖啡生长在哪里？

咖啡种植带位于热带地区，涉及 60 多个国家，生长海拔为海平面至 2200 多米。

咖啡的真正名称是什么？

咖啡：咖啡属 124 个树种的种子的通称。阿拉比卡种（Coffea arabica）和卡内弗拉种（Coffea canephora）是最常见的种植品种。

科	茜草科	茜草科
种	阿拉比卡种	卡内弗拉种
品种与变种	百余种：波旁、铁皮卡、卡杜拉、瑰夏等	罗布斯塔、科尼伦
海拔	600～2200 米	0～1000 米
气候	热带	赤道带
开花后到采收	8～9 个月	6～12 个月
风味	具有酸味、复杂、香气馥郁	香气弱、木质味、苦味

咖啡长什么样子?

叶子: 常绿,呈深绿色,长圆形,叶厚而有蜡质,短叶柄,叶柄长8~15厘米。

花: 白色或乳白色,香气近似茉莉花。

果实: 一种含有两粒咖啡豆的核果,成熟时多为红色,果肉甜美。

根系: 由一条深入土壤的垂直主根和地表展开的侧根组成。

种植者的角色

种植者是咖啡生产链中的第一个环节。从选择植株到采收,他们在不断探索。

提高产量。

提升咖啡品质。

对抗病虫害。

应对环境(降雨、刮风、温度等)。

如今,只有了解种植户才能带来真正的附加值,这样有助于建立伙伴关系,从而提升产品品质和行业的可持续性。

是真的吗

只有葡萄酒
与风土
有关

假的。风土是一个地区土地与专业知识技术的总和，能够赋予当地农产品与众不同的特质。风土不仅适用于葡萄酒，也适用于咖啡。

影响咖啡风味的因素有哪些？

在自然环境中，咖啡树是一种灌木，而人类将咖啡栽种在各类种植园中。

20 世纪 70 年代以前，咖啡树一直以传统方式种植在高大树木的树荫之下。

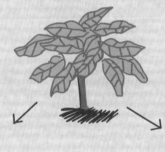

为了提高产量，农业学家把种植园建在没有任何遮阴的环境中。

为什么需要荫蔽？

• 气温低、温差小可以使咖啡果成熟得更慢

• 覆盖植物，如豆科植物，可以改善土壤并固定氮，有助于提高土壤肥力。

• 保护土壤免受侵蚀，降低水分蒸发，减少植物蒸腾作用和抑制杂草生长。

• 冠层形成天然盾牌，可抵挡阳光直射、热带雨、强风和霜冻。

• 增加生物多样性，鸟类、昆虫等，有利于平衡生态系统，抵御威胁。

果实成熟期更长，营养更丰富，咖啡品质就会更好。

选择什么样的树荫呢？

物种具有多样性。

植物茂密有利于自然环境，但会导致生产力下降。

根据当地条件和咖啡品种**选择树种**，提供适合的树冠。

森林种植园数量较少。这里的咖啡树是种在天然树冠树荫下。

植株的**修剪和维护**。

海拔

海拔越高，温度越低，咖啡果的成熟越缓慢，咖啡豆密度越大，咖啡饮品会呈现更复杂的风味。此外，随着海拔升高，病虫害也会减少，植物不必进行自我防御，分泌的咖啡因也会变少。

土壤

土壤的生命力、结构、矿物质和 pH 值都会影响咖啡的品质。这些因素至关重要，它们为植物提供必需的营养物质。

气候

气候是指该地所有大气条件的总和，包括风向、降雨和气温等。

在同一种植区，不同区域、不同年份的气候也会有变化。气候会影响咖啡果的成熟期，这可能对某些品种有利，而对某些品种不利。

是真的吗

只需播种咖啡种子就能长出咖啡树

真的。咖啡树可以通过播种、扦插、嫁接或体外培养等方法进行繁殖。

繁殖的目的是什么?

繁殖使物种得以延续,使种植园中的植株实现更新换代。通过品种选育促进树种优化,培育抵抗力更强、更高产、更适应当地条件、品质更好的咖啡树。

繁殖原理

有性繁殖是指花朵受精,发育为果实,咖啡树的果实即咖啡果。

• 阿拉比卡种为自花授粉,咖啡花可以自体受精。从遗传学角度来看,后代作物与母体完全相同。

• 罗布斯塔种为异花授粉,受精需要在两个不同个体之间进行。遗传品系较难维持,所以较少使用播种方式繁殖。

实际做法

种植者选出最好的咖啡植株,将其种子种在肥沃的土壤中。种子发芽,一个月后长成幼苗,再选出最好的幼苗,单独装袋。

苗床育苗

幼苗在苗圃中生长 6～12 个月。它们需要温暖潮湿的环境，并避免光线直射。

6～12 个月后移植到田间。5 年后，咖啡树被修剪成方便采收的高度。3～5 年后将收获第一批果实。

无性繁殖

组成植物的细胞大同小异，它们的再生能力很强，所以用植物的某一部位进行再生是很容易的。

扦插

将一段咖啡植株的茎种在土里，地下的部分会生根，得到的新植物在基因上与原植株是相同的。

嫁接

这是一种栽培技术，将抗病性好或更高产的品种的根系作为砧木，与接穗结合，可以提升咖啡品质。

体外繁殖

可以快速获得具有相同遗传基因的植株。常用技术为体细胞胚胎发生。

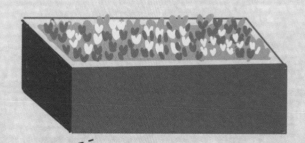

假的。在理想条件下，大自然能为光合作用提供所有必要元素。

新陈代谢对果实成熟的影响

· 光合作用（白天）

光合作用的目的是利用太阳能制造碳水化合物形式的能量。

光合作用公式：$6CO_2 + 6H_2O$（未加工的汁液）+ 光能→葡萄糖（加工后的汁液）+ $6O_2$

影响光合作用的因素：

· 太阳能（种植园的纬度、经度和朝向）

· 环境温度

· 水量（降雨量）

· 土壤质量

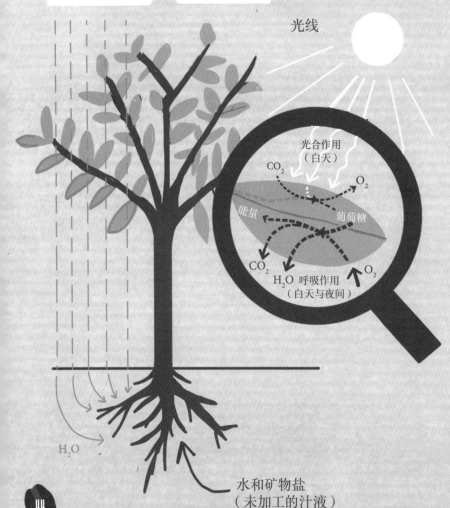

光线

光合作用（白天）

CO_2

O_2

能量

葡萄糖

CO_2

H_2O 呼吸作用（白天与夜间）

O_2

H_2O

水和矿物盐（未加工的汁液）

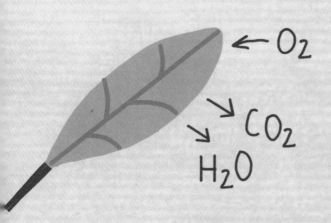

• **呼吸作用（白天与夜间）**

影响呼吸作用的因素：

• 温度

• 植物组织的年龄

• 光合作用中产生的糖

日间光合作用产生的糖，夜间在植物的呼吸作用中降解。夜间温度越低，植物的新陈代谢越慢。生长放缓有利于咖啡树和咖啡豆糖分积累。

• **新陈代谢有什么用？**

植物将光合作用中形成的简单糖合成生长所需的蛋白质、脂质和复合糖。

叶锈病：一种危害叶子的真菌（咖啡驼孢锈菌，*Hemileia vastatrix*）

咖啡锈病表现为叶子上的红色斑点，它们会影响植物的光合作用，其危害性很强，轻则产量降低，重则咖啡树死亡，颗粒无收。19 世纪，叶锈病曾摧毁了印度和印度尼西亚的大批种植园。

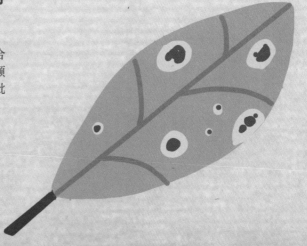

半真半假。咖啡品质与环境有关,也与植物自身有关。种子中积累成分的数量与好坏对咖啡品质也有影响。

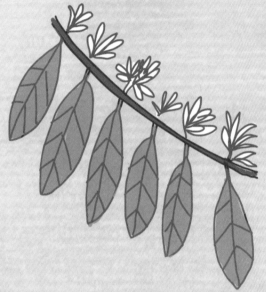

开花

旱季结束后下过几场雨,咖啡花就开了。花朵呈白色,有茉莉花香,花期只持续一天。

咖啡树开花繁盛,植株在日照下受到的"压力"越大,开花越多,结果也就更多。

受精与果实成熟

授粉后,果实立即开始发育。果实是受精后的雌蕊发育而来的,包含两粒咖啡豆,每粒咖啡豆都有胚。

分开	生长	成熟
胚乳细胞分裂与生长(咖啡种子)	胚乳发育	果皮成熟(果实)

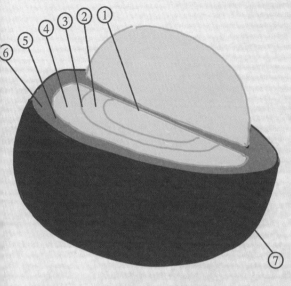

咖啡果与咖啡豆

成熟的咖啡果呈红色，有些品种为黄色。

咖啡果属于核果。咖啡树通过动物摄食传播种子。咖啡果味道绝佳，甜美多汁。动物摄取消化后，种子便可以发芽了。

咖啡豆被一层内果皮包裹，能够起到保护种子的作用，也就是保护胚和萌芽。果实被吃掉后，内果皮可以有效地保护种子。

咖啡果和种子结构

1 中部沟槽
2 咖啡种子（胚乳）
3 银皮
4 内果皮（羊皮层）
5 果胶
6 果肉（中果皮）
7 果皮（外果皮）

准备发芽的种子

芳香化合物由储存在种子胚乳中的物质发展而来，包含糖类、蛋白质和脂质。它们在烘焙过程中相互作用，合成芳香化合物。

咖啡种子很顽强，随时可以发芽，不像很多源自欧洲地区的种子那样，处于休眠状态，只有在适当的条件下才会萌发。无论是否处于萌发阶段，咖啡种子中的成分都在不停地转化发展，这是咖啡丰富味道的另一个原因。

是真的吗

采收方式对咖啡品质有直接影响

真的。咖啡果的成熟度非常关键。人们在采收和筛选过程中对大批的咖啡果进行分拣。只有达到最佳成熟度的咖啡果才能产出好咖啡。

阿拉比卡种的采收时间是开花后9个月，罗布斯塔种是开花后12个月。同一棵咖啡树上的果实其成熟度也不尽相同。

不同的采收方法

·非选择性采收

采收者不分成熟度，只进行1~2遍采摘，将所有果实一并摘下。有时采收后会进行分类。

非选择性机械采收

机械采收需要大量投资，而且必须有适宜的地形条件，只能用于地势平坦且没有荫蔽的地方。采摘机利用电动振动杆打落成熟的果实。除了在巴西，这种方法并不常见。

非选择性人工采收：整枝剥落法

采摘工攥住整根树枝滑动，将枝条上所有果实剥落。

·选择性采收

-几个月内分3~8次陆续采摘，每次只摘成熟的果实。

人工选择性采收：手采法

采摘工只挑成熟的果实采摘，最后再单独摘下树上未成熟或已干枯的果实，清理咖啡树并为下一次采收做准备。

·风吹，也是一种采收法？

采摘前总会有不少果实掉落在地上。它们会被收集起来，供应给对咖啡品质要求不高的收购者。

分拣果实

收获物中包括果实、树叶和植物碎片杂质。根据采收方式不同，这些东西所占的比例也不同。

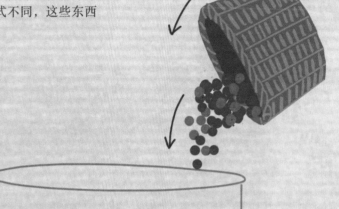

果实筛选

• 浮力筛选

这一步骤是利用比重不同完成的。将收获物倒入水中，清除所有漂浮物（未成熟的果实、植物碎片杂质）。成熟的果实会下沉。

• 采收后人工筛选

手动去除不符合成熟颜色的果实。

• 比色法筛选

一小部分种植园会使用仪器，通过比色法进行筛选。

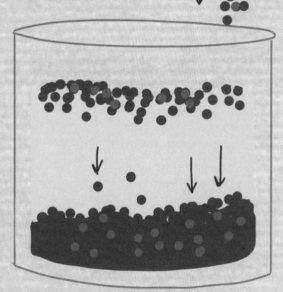

咖啡果的储存

咖啡果采收后必须迅速加工。如超过 8 小时，储存在袋子或仓库里的果实就会开始腐坏。

是真的吗

咖啡生豆
可以储存
很多年

真的。首先必须减少含水量。随着时间推移，咖啡豆味道会发生改变，产生稻草和纸壳箱味。为了得到好咖啡，生产者通常会使用当季的咖啡生豆。

从咖啡果到咖啡生豆的处理加工

这个过程是将种子与果实分离，并将含水量降低到适合储存的水平。干燥后的内果皮或硬壳可以保护咖啡豆，直到装袋运输前才会进行脱皮或脱壳。

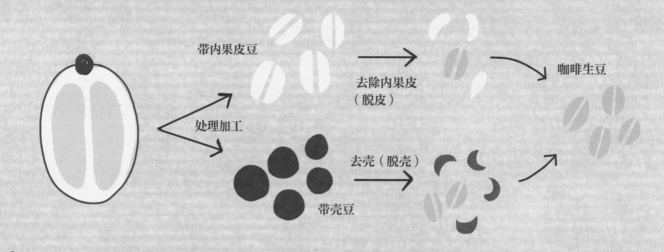

带内果皮豆

去除内果皮
（脱皮）

咖啡生豆

处理加工

去壳（脱壳）

带壳豆

在湿度较高、降雨较多的国家，人们先去除果皮和果肉，这样可以缩短干燥时间，保证品质稳定。然后再进行发酵、水洗、干燥，这个过程属于水洗处理法。处理后得到"带内果皮豆"。

在日照充足的国家，则可以将完整的咖啡果直接晒干，也就是传统的干燥式处理法（或日晒法）。晒干后的完整咖啡果叫作"带壳豆"。

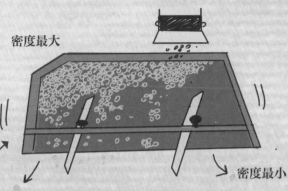

密度最大

密度最小

批次形成与包装

咖啡生豆首先按大小分级，
然后通过 3 种方法进行筛选。

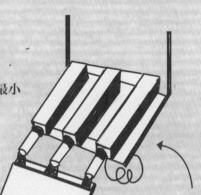

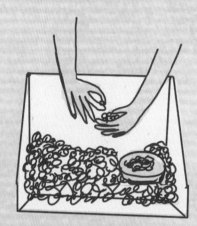

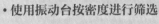

• **使用振动台按密度进行筛选**

通过这种方法去除密度低的生豆，
它们被视为瑕疵豆。

• **使用色选机按颜色进行筛选**

这种方法可以筛除颜色不达标的生豆，这种豆通常
会有瑕疵。

• **手工筛选**

害虫：

咖啡果小蠹

它们会在咖啡果成熟的不同阶
段攻击果实，在咖啡果里产
卵。幼虫啃食的虫道会破坏种
子，并使种子更易感染其他细
菌或真菌。受害的果实可能成
熟前就会脱落。咖啡果小蠹会
降低产量和咖啡品质，让农民
损失惨重，失去大部分收成。

瑕疵豆

瑕疵豆会导致杯中出现显著的负面风味。造成瑕疵的原因有很多，如
未成熟的咖啡果、虫害、发霉、操作不当等。

包装

咖啡生豆一般使用麻袋打包为 60～70 千克一袋的大包
装，或者使用真空包装袋。接下来就可以发货了！

假的。咖啡生豆之于咖啡果就像酸菜之于卷心菜。加工处理使咖啡豆易于保存，并对咖啡风味产生显著影响，因此咖啡果的处理方法十分关键！

风味的来源：

发酵与萌芽

咖啡果中的咖啡豆是随时可以发芽的种子，主要由碳水化合物组成，为胚芽提供营养。

• 处理方法决定咖啡豆何时发芽，何时开始消耗储能。

• 对于依赖水和糖分生长的大量微生物来说，咖啡果肉是绝佳的温床。咖啡果肉里还含有天然酵母和菌。

酵母和菌

每个菌株都与某种特定介质（温度、pH值、空气、水含量等）具有亲和性。这些微生物可以制造不同类型的发酵：好氧发酵（有 O_2）或厌氧发酵（无 O_2），将大分子分解为小分子。在干燥过程中，环境条件和能量来源不断变化。菌株死亡后会被另一菌株所取代，并为新菌株提供养分。各种发酵更迭交替，为咖啡增添了风味。

干燥式处理法：日晒咖啡或"自然处理法咖啡"

干燥式处理法需要进行严格的控制。
晾晒过程要循序渐进，对温度了如指掌。

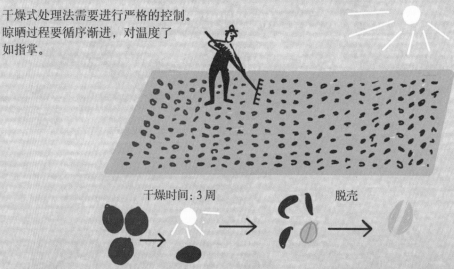

干燥时间：3周　　　　　　　脱壳

杯中风味

日晒法处理的咖啡拥有醇厚的口感和浆果味道，如蓝莓、草莓或热带水果。不过有时也会产生负面风味，如醋酸味或霉味。

水洗处理法：水洗咖啡或"完全水洗咖啡"

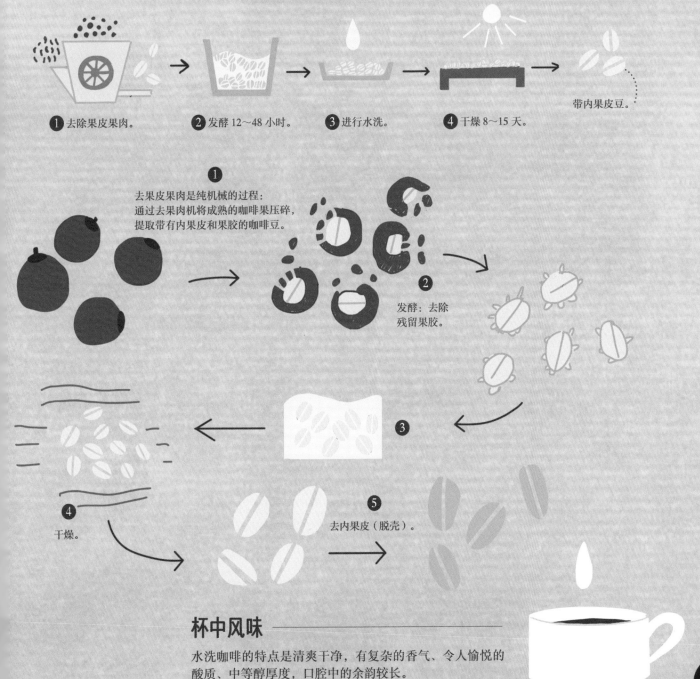

❶ 去除果皮果肉。　❷ 发酵 12～48 小时。　❸ 进行水洗。　❹ 干燥 8～15 天。

带内果皮豆。

❶
去果皮果肉是纯机械的过程：
通过去果肉机将成熟的咖啡果压碎，
提取带有内果皮和果胶的咖啡豆。

❷
发酵：去除
残留果胶。

❸

❹
干燥。

❺
去内果皮（脱壳）。

杯中风味

水洗咖啡的特点是清爽干净，有复杂的香气、令人愉悦的
酸质、中等醇厚度，口腔中的余韵较长。

53

是真的吗

只有人类
能发酵
咖啡

假的。有些动物食用咖啡果，它们的消化过程会产生相同的效果，但动物肠道中的酵母和菌群不一样……所以，咖啡的味道不一样！

蜜处理和带果胶日晒法

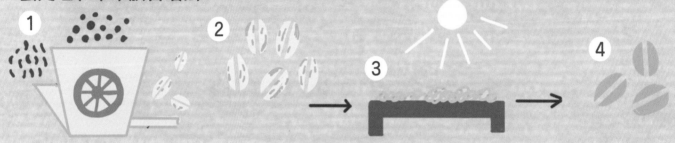

去除果皮果肉后，带有一些残留果胶的咖啡豆直接干燥10～18天。跳过发酵和水洗环节，将带有果胶和内果皮的咖啡豆直接晾干。

蜜处理豆根据果胶残留程度分类，分为黑蜜、红蜜和黄蜜（黑蜜残留果胶为100%，红蜜为50%～75%，黄蜜几乎没有果胶残留）。

动物消化

咖啡果是某些动物（如麝猫、猴子、鸟类）喜爱的食物。咖啡果完全成熟后，果肉甜美多汁，动物们会采食果子并将其消化。在消化过程中，内果皮可以保护咖啡豆。之后，收集动物粪便，筛选咖啡豆并去壳……就诞生了世界上最昂贵的咖啡之一。

湿刨法（印度尼西亚）

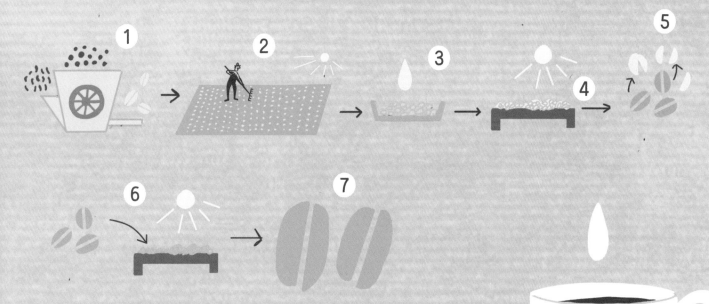

趁内果皮已经晾干但咖啡豆还潮湿的时候，去除内果皮，然后再将其干燥至 12% 的湿度。这样可以极大缩短干燥时间，赶在雨季开始前完成采收。

处理后的咖啡豆呈现独特的蓝绿色。

杯中风味

有醋酸味，醇厚度高，香气复杂，具有木质和烟草的味道。

季风处理法（印度的马拉巴尔）

19 世纪时，从印度去欧洲的行程需要 6 个月，咖啡豆在海上吸收盐雾和季风雨中的湿气。抵达目的地后，人们发现咖啡豆呈现出金黄色，并被赋予了独特的味道。

随着物流水平的提高，航行时间和储存条件已得到改善，而人们试图再现这种处理法。

在印度西海岸 6 月至 10 月的季风期时，人们将咖啡豆厚厚地铺在通风的仓库中，使其暴露于咸湿空气之中，之后再将咖啡豆装袋，并经常进行更换。如此处理持续 3~4 个月，就能得到密度降低、体积膨胀的咖啡豆，其口感醇厚有力，酸味消失，带有香料和木质香气。

假的。脱因咖啡的品质取决于咖啡豆的质量和脱因方法，脱因处理或多或少会破坏咖啡品质，这就需要依靠烘豆师挑选好的脱因咖啡豆了！

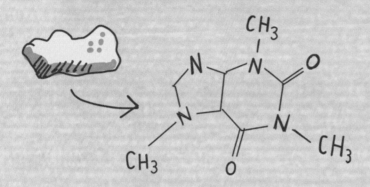

什么是咖啡因?

它是一种生物碱，由德国化学家弗里德利布·费迪南德·伦格（Friedlieb Ferdinand Runge）于 1819 年发现。在自然环境中，它可以保护咖啡树免受昆虫侵害。

咖啡因的作用

喝咖啡总让人联想到舒适、放松、一起分享、精力充沛和神清气爽等。一天中的不同时刻，无论是早上醒来，还是休息放松、社交交流，总之想要保持清醒时，人们常会喝一杯咖啡。咖啡因可能是世界上使用最广泛的神经兴奋剂！

耐受阈值

比较常见的是每天喝 2～3 杯咖啡。

不过，不同人对咖啡的反应不同！咖啡因耐受阈值因人而异，这与人体清除咖啡因的能力有关。过量的咖啡因会产生负面影响，如颤抖、焦虑、心悸等。

一杯咖啡中的咖啡因含量

咖啡因是一种水溶性分子。一杯咖啡中的咖啡因含量取决于萃取量和制作方法。咖啡豆也很关键，尤其与咖啡种类、品种和风土有关。

土耳其咖啡
70 毫升
咖啡因：70～135 毫克

滴滤式咖啡
200～300 毫升
咖啡因：80～120 毫克

意式浓缩咖啡
30～50 毫升
咖啡因：50～100 毫克

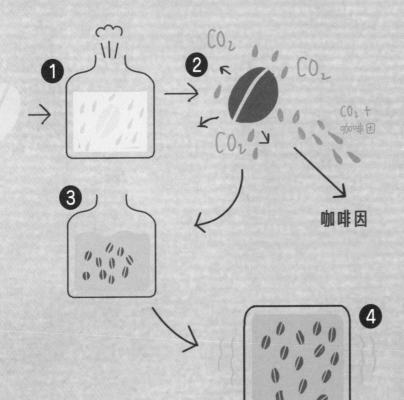

主要的脱因处理法

脱因咖啡豆中咖啡因含量从生豆中的 1%～4% 减少至 0.1%。

❶ 将咖啡豆浸泡在热水和蒸汽里。

❷ 提取咖啡因：

• 二氯甲烷处理法是历史上曾经使用的一种方法，因其对口味和环境的破坏而备受指责；

• 水处理法需要从包含咖啡豆所有成分的溶液中去除咖啡因成分，再将咖啡豆浸泡在此溶液中。咖啡因就会从高浓度环境（咖啡豆）迁移到低浓度环境（水），从而被提取出来。

❸ 因为使用溶剂，所以需要进行冲洗。

❹ 干燥。

3

— 如何烘焙咖啡？ —

假的。这种情况并不常见，但这不妨碍烘焙师与生产者打交道。烘焙师的首要技能就是选豆。

烘焙工厂

烘焙师向谁购买咖啡豆？

向进口商购买！进口商从产地买入生豆，管理物流，提供品质保证。这个链条越短越可靠，也更容易建立信任。减少中间商可以使"附加值"在相关从业者之间更好地进行分配。

如何购买？

烘焙师购买时首要考虑品种、产地、品质、历史等因素。

通过以下方式判断品质：

通过采购说明，即国际认可的生豆分级制度，根据不同国家的要求，对瑕疵豆数量、豆径尺寸或生长海拔等进行准确描述。

采用定制标准，通常会考虑 4 个主要因素：

• 可追溯性（产区、风土、庄园、地块）；
• 感官描述；
• 咖啡树种；
• 评分（以 100 分为满分，对感官品质进行打分）。

85/100

价格如何？

咖啡的世界价格主要由纽约的阿拉比卡咖啡期货市场和伦敦的罗布斯塔咖啡期货市场决定。根据生产国和品质不同，会出现差价。有些咖啡在此体系之外进行交易，但只占极少数。

承诺接收和交付的买卖双方订立合同。由于下订单与交付之间存在时间差，因此我们称之为"期货"。

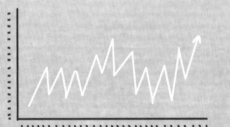

生豆采用什么样的包装？

咖啡生豆一般采用 60～70 千克容量的黄麻或剑麻麻袋进行包装，有时再加一层专用密封袋（GrainPro®）来保持咖啡豆的新鲜度。偶尔也有 25 千克的小袋包装、木桶包装或真空包装。

何时购买生豆？

各产区的采收期不同，一般会持续 4～6 周。赤道附近的一些国家每年可以有两次收成。

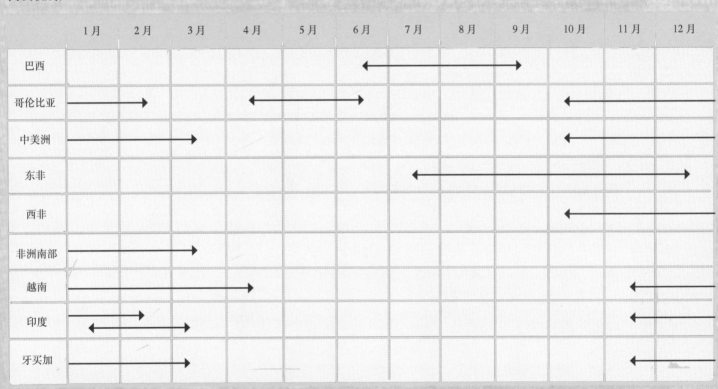

	1月	2月	3月	4月	5月	6月	7月	8月	9月	10月	11月	12月
巴西						←———————→						
哥伦比亚	——→		←——————→							←————————		
中美洲	←——————→									←————————		
东非							←———————————————————→					
西非										←————————		
非洲南部	←——————→											
越南	←——————————→										←————	
印度	←——————→										←————	
牙买加	←——————→										←————	

从采收到烘焙厂收到咖啡豆至少需要 3 个月的时间。

如果要保证全年供应同一种咖啡，就需要储备 7 个月的库存。由于非赤道地区的气候条件更适宜储存，并且出于现金流方面的考虑，库存通常存放在最终消费国。

假的。为了呈现最佳风味，咖啡豆的烘焙要尽可能靠近消费者！

烘焙厂

在烘焙工厂里，咖啡豆被烘熟，散发出迷人的香气。

入豆仓（料斗）

环境

必须清洁干燥。

磨豆机

咖啡豆包装袋
咖啡生豆装在麻袋或专用密封袋 GrainPro® 中。

筛板　　密度仪　　色度仪　　秤

取样器
用取样器取样。

64

你认识咖啡烘焙机吗?

1 滚筒: 使咖啡豆在烘焙过程中不停翻滚。

2 料斗(入豆仓): 投放咖啡生豆的地方。

3 燃烧器: 加热烤炉内部。

4 冷却盘: 烘焙后,咖啡豆需要尽快冷却才能停止受热;热气被吸入,然后通过烟囱排出。

5 热气排风管: 烘焙中产生的烟从这里排出室外。

6 银皮收集桶: 聚拢烘焙过程中咖啡豆脱落的银皮。

7 排风管道

控制烘焙度

运用感官
嗅觉、听觉和视觉。

烘焙结束
烘焙师通过观察和闻味道,判断咖啡豆是否达到理想色值,并据此决定烘焙结束的时机。烘焙结束后,将咖啡豆倒入冷却盘中。

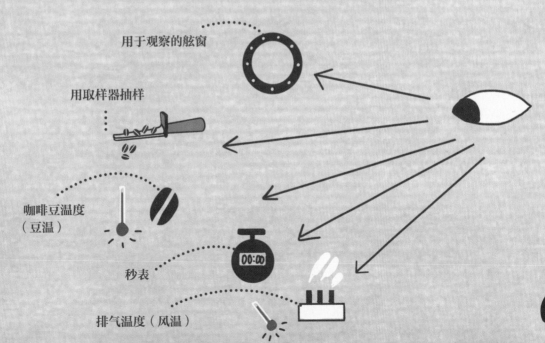

用于观察的舷窗

用取样器抽样

咖啡豆温度(豆温)

秒表

排气温度(风温)

真的，但也不是那么简单。咖啡豆的导热性很差，几乎是绝缘体。了解这一点是烘焙的关键！

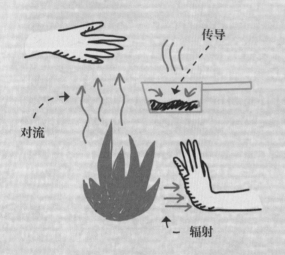

传导

对流

辐射

热传递

热量可以通过不同方式进行传递，将食物烹熟：

- 传导，通过直接接触热源；
- 对流，通过热空气流动；
- 辐射，通过物体放热。

同样的现象也发生在烘豆机中。

传导：咖啡豆与滚筒内壁，以及咖啡豆之间的热传导。

对流：通过滚筒中循环的热气流加热。

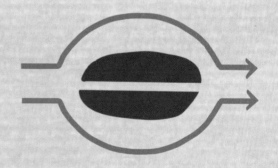

辐射：烘焙结束后，咖啡豆会释放贮存的部分热量。因此，豆子之间会继续相互加热！

热量是如何渗透至咖啡豆内部的?

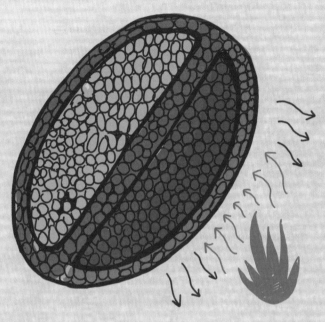

热量很难进入咖啡豆。咖啡豆中的水分将热量传导到中心，然后扩散到表面，最终蒸发。

烘焙的挑战是**如何使热量到达咖啡豆中心**。

烘焙过程中，咖啡豆对热量有不同的反应：

• **吸热反应：**吸收热量；

• **放热反应：**释放热量。

烘豆机的作用是控制这些热气流。

热量

热传递对风味和香气的影响

达到转黄点时，热量逐渐进入咖啡豆，并由外向内发生一系列反应。咖啡豆外部开始焦糖化时，中心部位开始发生美拉德反应。

咖啡豆横截面剖面图。

升温速度对咖啡豆的影响

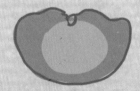

速度适中

热量逐渐渗透咖啡豆，
60% 焦糖化反应，
40% 美拉德反应。

烘焙过快

豆子外糊内生。

烘焙过慢

受热均匀，无甜感，
低酸，有花生味
（生谷物的味道）。

烹饪，就是通过加热使食物变得可食用

真的。烘焙使生豆产生了咖啡的香气和风味。

生豆　熟豆

咖啡豆的物理变化

- 体积膨胀可达 50%。
- 颜色变化。
- 含水量从 10%～12% 下降至 2% 以下。
- 重量减轻（15%～20%）。
- 密度降低，形成气孔。
- 油脂转移至咖啡豆表面。

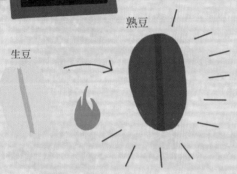

植物细胞

❶ 咖啡豆的构成

咖啡豆由数以百万计的植物细胞组成，细胞被坚硬的外壁包裹，形成一种立体矩阵，可以锁住烘焙过程中产生的香味和气体。

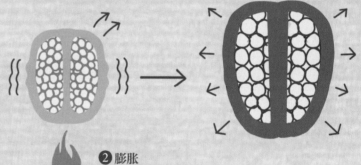

❷ 膨胀

烘焙开始后，热量逐渐进入咖啡豆，水分蒸发。同时，细胞壁变得有弹性。蒸汽对内壁施加压力，使豆子体积变大，进入"橡胶态"。

❸ 爆裂

烘焙中产生的气体（主要为二氧化碳）在咖啡豆内部聚积，压力不断增加。在这个阶段，已经硬化的细胞壁最终破裂，咖啡豆爆开，听上去就像爆米花爆开的声音。

颜色

咖啡豆的颜色先逐渐由绿转黄，随后经过一系列热反应生成棕色化合物。

咖啡豆重量变轻与什么有关？————

- 水分流失；
- 干物质损失；
- 烘焙过程中脱落的银皮。

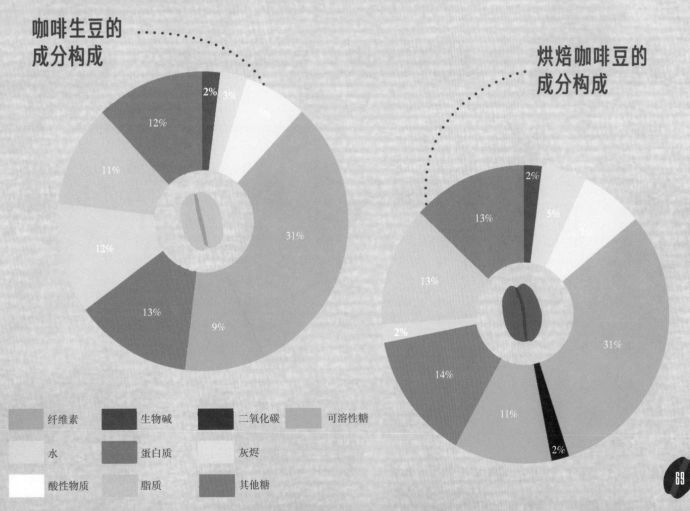

咖啡生豆的成分构成

2%　3%

12%

11%

12%

13%　9%

31%

烘焙咖啡豆的成分构成

2%

5%

13%

13%　2%

14%

11%

2%

31%

	纤维素		生物碱		二氧化碳		可溶性糖
	水		蛋白质		灰烬		
	酸性物质		脂质		其他糖		

是真的吗

烘焙
是一门
炼金术

真的。烘焙可谓是炼金术，也是一门占卜的艺术，即将发生的事情是可以预测的！

如何管理烘焙曲线

了解咖啡豆：

- **密度：** 咖啡豆密度越大，越不利于热量渗透；

- **颗粒大小：** 咖啡豆越大，与热量接触的面积越多，但热量传导到中心需要更长时间；

- **湿度和水活性：** 影响热量的渗透和传导。

观察：

- 通过观察各种变化，掌握热量渗透的情况；

- 预测结果，相应地调整锅炉、气流和滚筒转速。

烘焙过程中发生了什么?

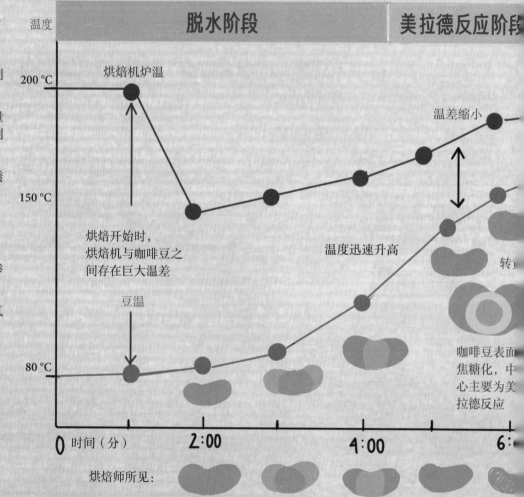

温度

脱水阶段

美拉德反应阶段

200 ℃ — 烘焙机炉温

温差缩小

150 ℃

烘焙开始时，烘焙机与咖啡豆之间存在巨大温差

温度迅速升高

转色

豆温

80 ℃

咖啡豆表面焦糖化，中心主要为美拉德反应

0 时间（分）　2:00　4:00　6:00

烘焙师所见：

烘焙师闻到：　草本植物　干草　红糖　甜面包　吐司

咖啡豆受热

烘焙开始时，烘焙师根据生豆确定入豆温度。

脱水阶段

热量进入咖啡豆，水分蒸发，豆粒膨胀，颜色由绿转黄。到达转黄点时，通过豆粒大小判断咖啡豆是否已经储存了足够的热量。

美拉德反应阶段（热反应与褐变反应）

开始发生一系列化学反应。烘焙师开始减少供热。

焦糖化阶段与烘焙结束

咖啡豆密度降低，产生孔隙，热量很容易进入内部。这是风味形成的最后阶段，植物性苦味减弱，酸度先上升再下降，生成芳香化合物并出现烘烤味。

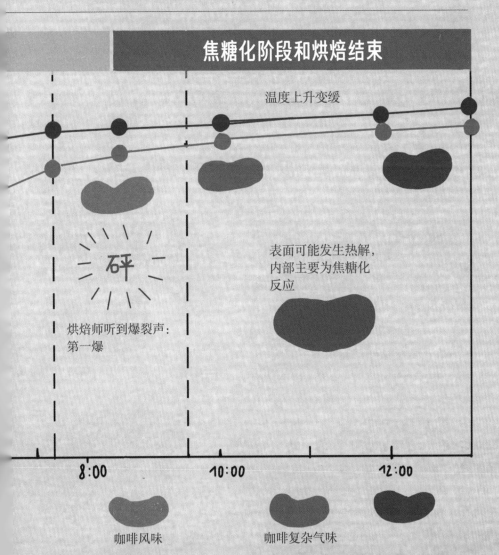

焦糖化阶段和烘焙结束

温度上升变缓

砰

烘焙师听到爆裂声：第一爆

表面可能发生热解，内部主要为焦糖化反应

8:00　　10:00　　12:00

咖啡风味　　咖啡复杂气味

如何选择烘焙曲线

管理烘焙曲线可以总结为：

1. 了解咖啡豆：这款咖啡豆有哪些风味潜力？你希望放大或减弱哪类香气？

2. 如何制作咖啡？萃取方式会减弱或增强哪些特质？

3. 我的特色和我的标志是什么？

假的。碳水化合物、脂质和氨基酸可以降解或合成无穷无尽的组合。根据咖啡生豆和所选烘焙曲线不同，咖啡中包含的物质也会发生改变。

咖啡的味道和颜色是如何形成的

咖啡的风味来自：

美拉德反应

焦糖化反应

可能存在的炭化
反应（焦糖）

降解的分子（通过热解）：

· 绿原酸：

酚类（涩味与香料味）

奎宁酸、咖啡酸和烟酸

· 葫芦巴碱：

吡咯（烘烤香气）

· 其他酸：

中性化合物

醇厚度的来源：

· 扩散到表面的脂质；

· 增加醇厚感的焦糖化合物；

· 溶解的细胞壁增加了口腔中的重量感。

聚焦烘焙过程中的主要化学反应

- **美拉德反应**：指还原糖与氨基酸发生的化学反应，在日常烹饪中很常见。它在烘焙中不可或缺，是其他许多化学反应的起点。在美拉德反应的基础上，斯特雷克降解反应进一步促进棕色色素形成（糖褐变），以及大量芳香化合物的产生。

- **焦糖化反应**：指糖的热分解。出人意料的是，这种焦糖化的产物并不像我们吃的焦糖那样柔软甜美，因为我们通常会在后者中添加牛奶和其他香料。烘焙过程中的焦糖化反应会产生各种酸性物质，影响质地、口感、与糖相关的味道，以及咖啡豆内部二氧化碳的含量。

- **热解反应**：指有机化合物因温度显著升高而发生的化学分解。对于咖啡生豆来说，是指热量作用于其中包含的有机化合物，我们一般称之为降解。

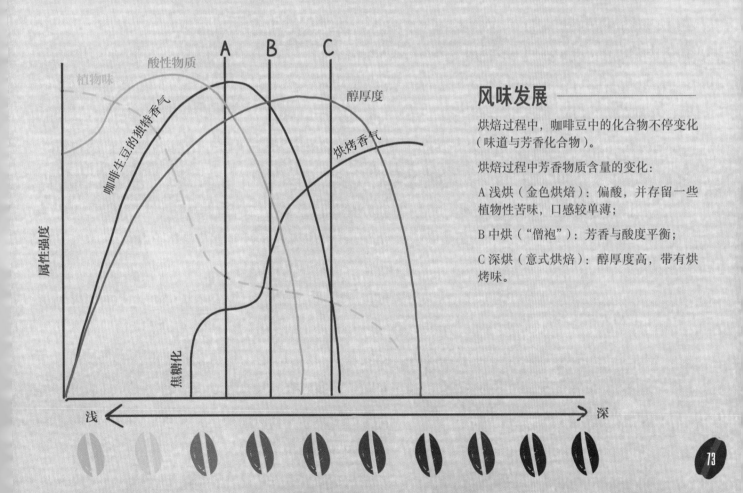

风味发展

烘焙过程中，咖啡豆中的化合物不停变化（味道与芳香化合物）。

烘焙过程中芳香物质含量的变化：

A 浅烘（金色烘焙）：偏酸，并存留一些植物性苦味，口感较单薄；

B 中烘（"僧袍"）：芳香与酸度平衡；

C 深烘（意式烘焙）：醇厚度高，带有烘烤味。

假的。将不同咖啡豆进行拼配组合，可以做出独一无二的标志性咖啡，类似于葡萄酒酿造的做法。

为什么要拼配?

- 获得单一产地无法提供的风味组合，拼配组合的可能性无穷无尽。
- 创造出独特、鲜明、堪称经典的代表性口味。
- 均衡风味口感。拼配豆通常用于制作意式浓缩咖啡。
- 通过对可替代的产地进行调整，可以确保全年口味稳定一致

如何进行拼配?

开始前的问题:

- 用途是什么? 浓缩咖啡，还是长萃咖啡?
- 谁会购买? 个人消费者，还是专业买家?
- 希望有哪些味道，哪些香气?
- 哪种强度?
- 什么口感?

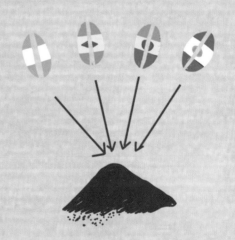

拼配测试:

烘焙师会反复测试在同一杯中混合不同的咖啡。先找到和谐的拼配组合，再调整拼配比例，达到最佳平衡。

烘焙

烘焙前拼配（生拼）

烘焙师在烘焙前进行生豆拼配。由于各种咖啡豆由生转熟的过程不同，烘焙程度也会有所不同，这正是我们想要的效果。

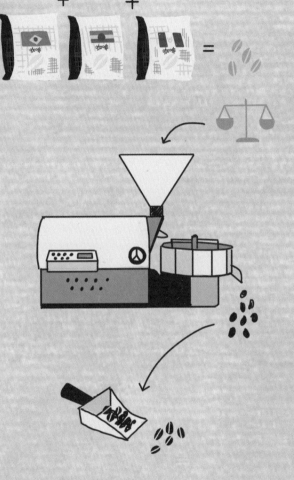

烘焙后拼配（熟拼）

烘焙师使用特定的烘焙曲线烘焙不同的咖啡豆，然后在混合机中进行拼配。

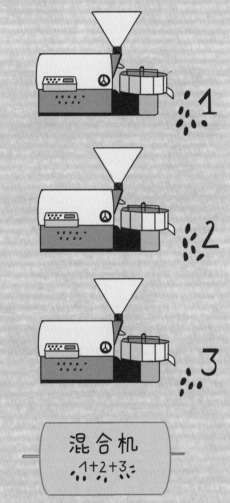

拼配与颜色

20 世纪 80 年代以前，烘焙商是不提供单一产地咖啡的。他们有自己的拼配车间：

"意大利拼配"苦涩而浓郁，其他拼配通常与颜色相关联，"绿色拼配""棕色拼配""红色拼配"……这些拼配咖啡现在仍然存在。

随着哥伦比亚咖啡的出现，以及围绕各个原产地进行的大力宣传，商家开始出售单一产地咖啡，它们的可追溯性不断增强。现在，烘焙商进行拼配时也十分重视可追溯性，这样可以更好地讲述咖啡的故事。

真的。品尝咖啡需要运用视觉、味觉、嗅觉和触觉。品尝带来的感受通常与我们的记忆、生理状态（饥饿、困倦）、经历和文化有关。

1 品尝前观察

通过咖啡的颜色、透明度和浓稠度，分析其制作方法和萃取情况，从而预知它的质地和触感。

2 品尝前闻味道

挥发性芳香化合物被嗅球捕捉，嗅球再通过几百个嗅觉受体和数百万个神经与大脑连接。通过鼻子吸入并感受到气味称为鼻前嗅觉（直接嗅觉）。

鼻前嗅觉
（直接嗅觉）

鼻后嗅觉

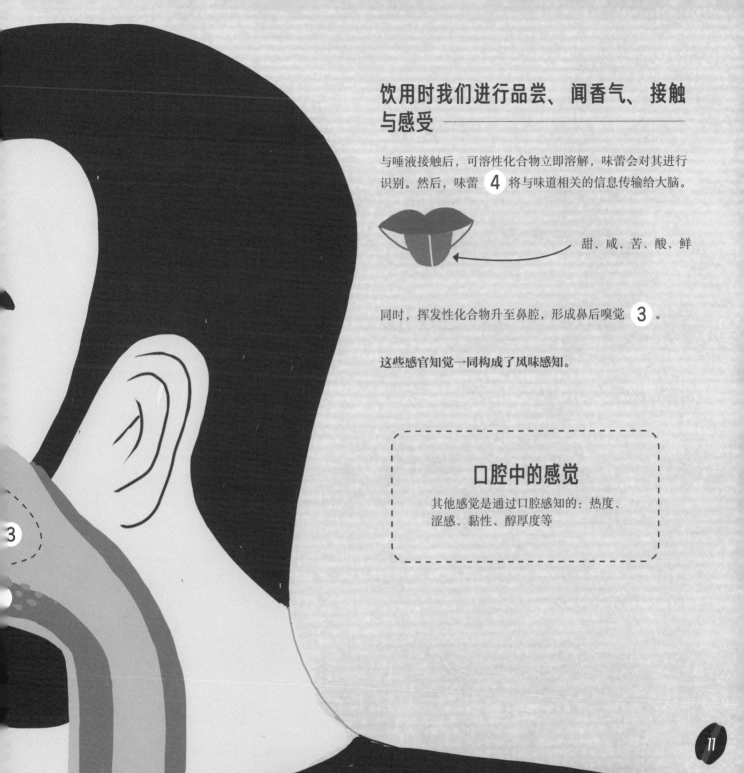

饮用时我们进行品尝、闻香气、接触与感受

与唾液接触后，可溶性化合物立即溶解，味蕾会对其进行识别。然后，味蕾 4 将与味道相关的信息传输给大脑。

甜、咸、苦、酸、鲜

同时，挥发性化合物升至鼻腔，形成鼻后嗅觉 3 。

这些感官知觉一同构成了风味感知。

口腔中的感觉

其他感觉是通过口腔感知的：热度、涩感、黏性、醇厚度等

味道识别

我们只能识别已知的事物。在大脑中，我们将感知的一切与记忆中存储的信息进行比对。信息越多，识别越快。

咖啡中蕴含 800～900 种芳香化合物，它们构成了咖啡的味道。

瑕疵缺陷

品鉴的目的之一就是鉴别是否存在瑕疵和缺陷。瑕疵风味包括很多类型：泥土味、发酵味、稻草味、化学味或植物味，它们可以反映出不同工序的质量、咖啡生豆的年份，以及烘焙师和咖啡师的专业知识技能。

品质

令人愉悦的香气包括花香、果香、甜味等。一杯美妙的咖啡是咖啡从业者知识技术的加总，包括原产地的品质、采收的时机、精确的烘焙，以及咖啡师进行的完美萃取。

风味类别是对照自然风味的属性划分的。

花香

果香

植物

其他

烘烤味

坚果 / 可可

甜味

79

4

怎样饮用咖啡？

真的。人们建立了一系列标准使咖啡品鉴客观化，并对咖啡品质进行评分。所有咖啡从业者都使用这套打分体系，因此它十分重要。

品鉴小组

每个人都是不同的，对事物的感受也不同，因此需要组建一个品鉴小组。

品鉴小组成员包括训练有素、受过感官校准的品鉴师（专业范畴），或出于研究目的选定的对象（消费者范畴）。

规范

严格遵守品鉴规范可以确保始终以相同的方式进行品尝，从而最大限度地减少可能导致口味差异的因素。

· **准备**
粉水比为 8.25 克咖啡粉加 150 毫升水。研磨度比制作滴滤式咖啡的颗粒略大。

· **嗅闻**
咖啡粉的干香。

· **注入**
93℃的水。

· **浸泡**
4 分钟。

· 将表面的咖啡粉层破坏（破渣）并撇去泡沫（捞渣）。

· 啜吸咖啡进行品尝，啜吸会发出很大声响，这种方式可以使芳香分子充分扩散，更好地被感知！

评测项目

咖啡的感官特质可以通过各种方式进行评价，但始终要回答以下几个问题：它有缺陷和瑕疵吗？有甜感吗？

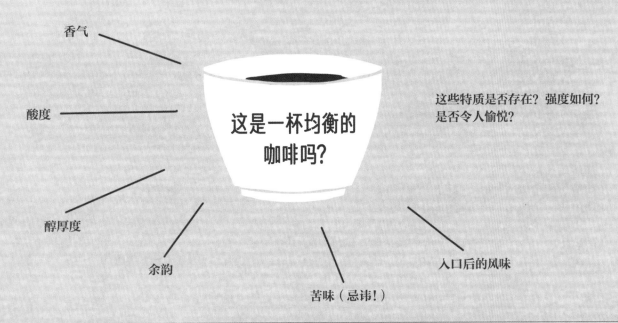

香气

酸度

醇厚度

余韵

苦味（忌讳！）

入口后的风味

这是一杯均衡的咖啡吗？

这些特质是否存在？强度如何？
是否令人愉悦？

分数

以评定分数为目的进行的品鉴称为打分（scoring）。精品咖啡协会 SCA（Specialty Coffee Association）的杯测表是目前最被认可的评分体系，满分为 100 分。

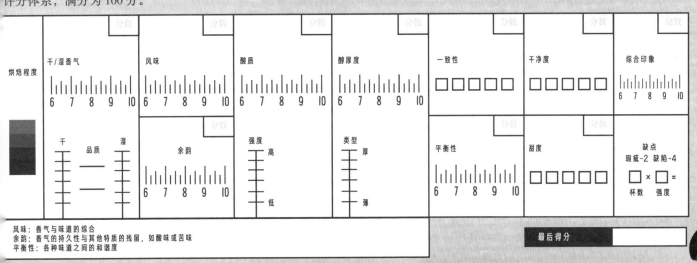

烘焙程度

| 分数 | 干/湿香气 | 分数 | 风味 | 分数 | 酸质 | 分数 | 醇厚度 | 分数 | 一致性 | 分数 | 干净度 | 分数 | 综合印象 |

干 品质 湿

余韵

强度 高 低

类型 厚 薄

平衡性

甜度

缺点
瑕疵-2 缺陷-4

□ × □ =
杯数 强度

风味：香气与味道的综合
余韵：香气的持久性与其他特质的残留，如酸味或苦味
平衡性：各种味道之间的和谐度

最后得分

85

是真的吗

买咖啡
就像买
葡萄酒一样

假的。咖啡不会随着时间的推移而变好。与葡萄酒不同，咖啡标签上关于品质和产地的信息十分有限。

烘焙一结束，咖啡便开始老化。其影响因素包括：

• 氧气。

• 湿度（干燥的咖啡豆会吸收环境中的湿气）。

• 其他可能污染咖啡的气味。

• 热和光。

随着时间推移：

• 香气挥发。

• 油脂扩散到豆子表面（称为咖啡豆出油）。

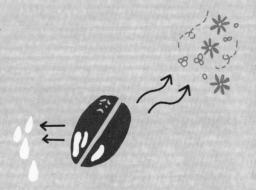

美洲咖啡

研磨咖啡粉

法国制造

批次 4304

咖啡包装

包装可以提供一层近乎密封的屏障。包装材质、单向阀、填充中性气体等因素，使得咖啡在烘焙后可以保存 15 天至 3 个月。

包装必须注明：

• 配料表：例如将"研磨咖啡粉"标在显著位置，以及标示在包装正面的重量。

• 净重：单位为"克"。

• 产地：例如"法国制造"（如果实际情况如此！）。

• 食品名称：例如"胶囊咖啡"。

• 保质期：完整标明"最佳饮用期限"。

• 经营公司的名称、地址。

• 批次号。

最佳饮用期限
2020.7

250 克

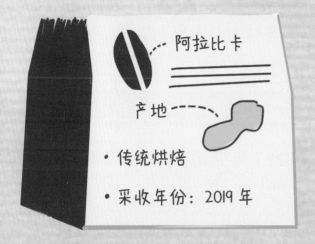

喜闻乐见的信息：

- 品种：罗布斯塔、阿拉比卡，或进一步标注具体品种（如波旁、铁皮卡等）。

- 原产国、产区、处理法等。

- 烘焙：烘焙方法、烘焙日期、烘焙地等。

- 也可以标注采收年份。

含糊不清的说法：

- 某些字眼毫无意义：例如"口味丰富"。

- 销售期限 18 个月，这种说法不可靠。

在家保存咖啡

将咖啡存放在密闭不透光的罐子里，防止其老化！

如果咖啡的消耗量不大：

- 不要将咖啡放入冰箱冷藏，冷藏室中太过潮湿，并且充斥着各种味道。

- 咖啡豆可以冷冻保存。理想的做法是将新鲜烘焙的豆子分成小份后密封冷冻，再按需解冻。

关于咖啡粉的难题

咖啡研磨成粉后与空气接触面积大大增加，因此品质会下降得更快。

最好在制作咖啡之前进行研磨。按优先级排序为：自己在家研磨、请商家磨好。这样就不用苦恼了！

真的。不过制作咖啡无外乎是用水溶解咖啡中的可溶性物质。

水　　　　咖啡粉　　　　　　咖啡液　　　咖啡渣

CO_2

CO_2

CO_2

CO_2

在水中扩散

咖啡溶液

制作原理 ——————

即咖啡与水接触的整个过程中，水和咖啡粉相互作用的方式。

焖蒸与浸润

水渗入咖啡粉，填满所有空隙，烘焙中产生的二氧化碳气体被排出。咖啡粉膨胀并出现气泡（这是新鲜度的一个指标）。咖啡颗粒被水冲散。水最先溶解颗粒表面的成分，再渗透到颗粒内部，导致咖啡粉膨胀。咖啡中的可溶性化合物被溶解出来。

浸泡

溶解的物质在重力作用下弥漫至容器底部，咖啡就做好了！

化学原理

要理解萃取，就必须了解分子是怎样结合和分解的。咖啡中有许多成分，每一种在水中的溶解方式都不同！

溶解性是指化合物在水中溶解所需的时间。它取决于水量、水温和可溶物质总量。

化合物的溶解顺序，从快到慢：

- 钾
- 酸性物质
- 碳水化合物和复杂分子
- 油脂类

其他因素包括与水接触的时间、压力和水流的运动（水动力学）。

不同的萃取方法会改变这些参数，因此同样的咖啡可能含有不同成分。

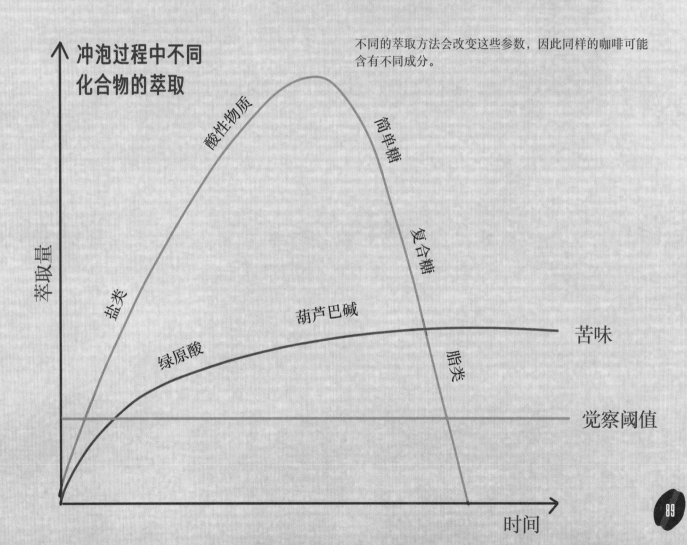

冲泡过程中不同化合物的萃取

萃取量

时间

酸性物质

简单糖

复合糖

盐类

葫芦巴碱

绿原酸

脂类

苦味

觉察阈值

真的。咖啡壶（或咖啡机）的作用是将水和咖啡粉混合后再分离。

⊖ 18% 以下　　18%～22%　　⊕ 22% 以上

萃取：寻求平衡性

咖啡中只有 30% 的物质可溶于水。我们使用一个客观标准来确保制作配方准确而稳定，即萃取率。计算公式如下：

$$\frac{\text{咖啡液重} \times \text{溶解性固体总量（TDS）*}}{\text{咖啡粉重量}}$$

30%

一般认为，完美平衡的咖啡对应的萃取率范围是 18%～22%，低于这个比率为萃取不足，超过则为萃取过度。

* 使用光学折射计测量。

咖啡制作六要素

粉水比

合适的研磨度
研磨颗粒大小必须与咖啡壶或咖啡机相匹配，不能过粗或过细！

萃取时间
如果是浸泡式萃取，那么过滤咖啡粉之前都算作萃取时间；如果水只是穿过咖啡粉，萃取时间是从咖啡粉第一次接触水开始算起，到过滤器被移除为止。

水温
92℃～96℃

水流
对咖啡粉形成搅动，使咖啡粉颗粒分散，与水均匀接触。

水质

不同的萃取方式

渗滤式
水穿过咖啡粉。

浸泡式
咖啡粉浸泡
在水中。

煎煮式
咖啡粉在水
中煮沸。

过滤方式

选择过滤器也很关键，可以决定咖啡饮品中是否有残留的沉积物和油脂。

煎煮法
不经过过滤，咖啡
粉下沉，饮品中含
有油脂和沉淀物。

粗孔过滤器
或多或少会残留一
些沉淀物和油脂。

滤纸
可以使饮品
更澄清。

并非总是如此。例如，制作 44 天利口酒是将 44 颗咖啡豆插入橙子中，与 44 块方糖在伏特加中一起浸泡 44 天。不过，如果是制作咖啡，就需要研磨咖啡豆。

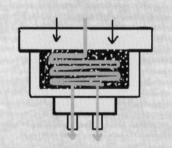
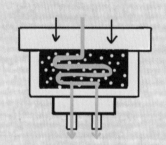

通过调整研磨度可以使咖啡粉与水的接触面积和接触时间达到最佳平衡，制作出完美萃取的咖啡！

法压壶　虹吸壶　手冲咖啡壶　电动咖啡壶　V60　爱乐压　摩卡壶　意式浓缩咖啡　土耳其咖啡

粗粉（如粗盐）　粗　中等　中等/细　细　细粉（如面粉）

磨豆机

磨豆机分为两种：

刀片式磨豆机：两个刀片与小型电机相连。刀片转动次数越多，咖啡粉越细。这种磨豆机价格便宜，但研磨颗粒不均匀，有粗有细。

刀盘磨豆机：两个刀盘将咖啡豆碾碎。通过调节磨盘之间的距离可以调整研磨度，研磨更为均匀。这种磨豆机既有电动的，也有手动的。

所有磨豆机在研磨时温度都会升高。刀盘的材质决定升温速度。有些磨豆机还配备风扇。

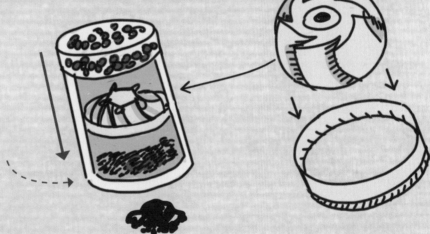

为什么咖啡豆要即磨即用呢？

研磨后的咖啡会迅速老化。越细腻的香气越容易挥发，脂质会氧化。有一些简单易用、物美价廉的手动磨豆机很适合个人使用。

真的。根据萃取方式的不同，一杯咖啡中 85%~98% 是由水组成的，而水是有区别的。它是一杯咖啡的主要原料。

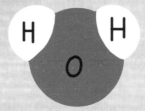

水分子

水分子由两个氢原子与一个氧原子构成，是双极性分子。

水从哪里来?

水经过漫长的旅途后"抵达"杯中。途中，一些"偷渡客"也随之而来，一部分为土壤中的矿物质，一部分与人类活动有关。根据来源，水分为地表水（河流、湖泊等）和地下水（含水层）。

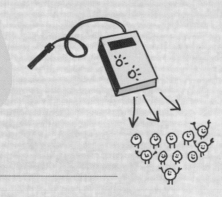

我们要检测什么?

矿物质含量

溶解性固体总量：指溶解在水中的物质总量，可以使用电导率仪进行测量，单位是 ppm。

瓶身上会标注为"180℃烘干残渣"。

pH值等级 1~14

pH值：H^+ 离子和 OH^- 离子间的比例。H^+ 离子多，环境呈酸性，OH^- 离子多，环境呈碱性。中性水有利于咖啡呈现香气，并避免腐蚀设备。

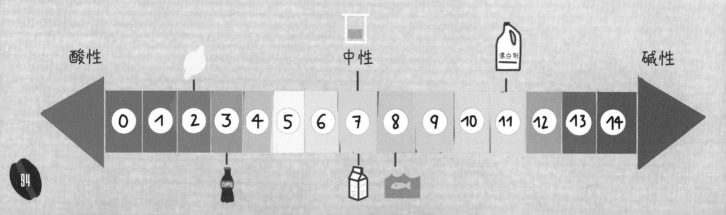

酸性　　　　　　　　　中性　　　　　　　　　碱性

0　1　2　3　4　5　6　7　8　9　10　11　12　13　14

碱度

这个指标是指碳酸氢盐、碳酸盐和氢氧化物的总量，是水中和酸的能力。萃取时需要有一点儿碱度，但不能太高，因为过高会对萃取量和品质产生负面影响。

碳酸盐硬度

总硬度（TH）是指水中溶解的钙镁离子总量。

碳酸盐硬度（KH）指水中含有的、遇热形成水垢的钙镁总量。此数值取决于当地的地质情况。为了避免结垢，建议使用 4°KH 的水。

平均硬度

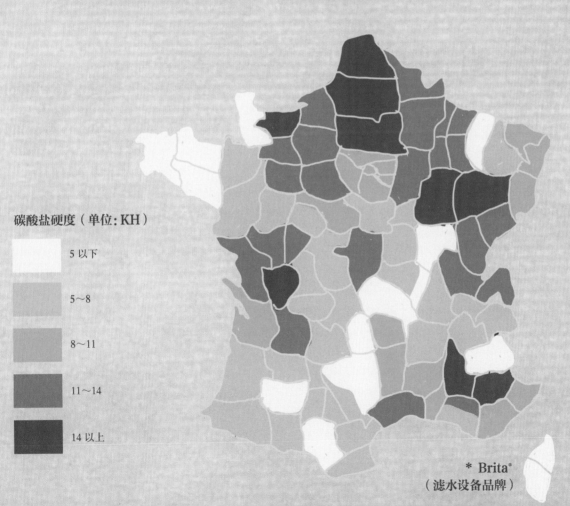

碳酸盐硬度（单位：KH）

5 以下

5~8

8~11

11~14

14 以上

* Brita®
（滤水设备品牌）

假的。有些瓶装水可以做出好咖啡，但不是所有的都能，过滤后的自来水也可以。

瓶装水

仔细看瓶子，标签上包含很多有趣的成分信息：

- 与溶解性固体总量相关的矿物质总量（或 180℃烘干残渣）。
- 与硬度相关的碳酸氢盐。
- pH 值。

特征性指标（毫克/升）	
钙	氯化物
镁	硝酸盐
钠	二氧化硅
钾	硫酸盐
碳酸氢盐	

咖啡师推荐用水包括 Volvic®（多用于意式浓缩咖啡）和 Montcalm®（多用于温和冲煮法）。

钙：11.5
镁：8.0
钠：11.6
钾：6.2
碳酸氢盐：71
氯化物：13.5
硝酸盐：6.3
二氧化硅：31.7
总矿化度：
130毫克/升
180℃烘干残渣

钙：3
镁：0.7
钠：2.2
钾：0.6
碳酸氢盐：5.2
氯化物：0.6
硝酸盐：6.3
二氧化硅：31.7
硫酸盐：10
总矿化度：
32毫克/升
180℃烘干残渣

自来水

可以向相关部门咨询自来水的成分和来源。有时只相隔一条街，矿化度却有天壤之别。你可以送去专业机构检测，或者购置一台电导率仪测量 pH 值、硬度和溶解性固体总量。

过滤水

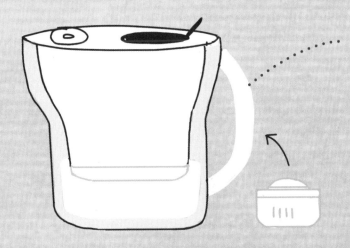

一些品牌有家用滤水壶出售。

阅读用户手册：为了避免对咖啡品质产生负面影响，必须根据水的硬度选择滤芯。滤芯有使用寿命，至少每月更换一次。

专业设备使用的是直接连接自来水水管的过滤系统。

专业滤芯有一定容量，超出之后会形成饱和，需要每年更换一次。

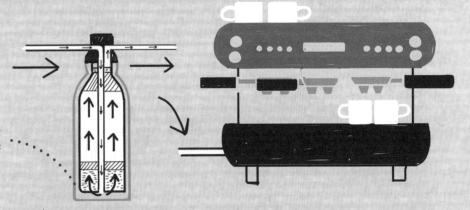

过滤

与滤水壶类似，专业滤芯有 3 个过滤级别：

1. 通过离子交换树脂，对碳酸盐和重金属（铅）进行过滤。

2. 通过活性炭，对味道、气味及某些农药进行过滤。

3. 过滤微小颗粒（根据过滤器的类型最小可达 0.5 微米）。

是真的吗

意式浓缩咖啡是
咖啡界的明星

　　假的。在意大利之外，滴滤式咖啡才是
真正的明星。最常用的制作方法是使用自动
滴滤咖啡机！

明星咖啡：滴滤式咖啡 ——

• **过滤器支架**：材质较硬（通常为锥形），充
当模具，在注水过程中支撑过滤器和咖啡粉。
它的形状和材质会影响排水速度和萃取温度。

• **过滤器**：滤纸、金属滤网或滤布，能不同程
度地过滤油脂和各种物质，使饮品变得更澄
澈。过滤器会有味道，所以必须先冲洗！

热水

过滤器支架

滤网

咖

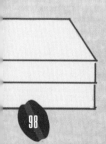

I ♥ COFFEE

滴滤咖啡之星：梅利塔·本茨

梅利塔·本茨（Melitta Bentz）是 20 世纪初的一位德国企业家。她经过反复实验，最终用儿子的吸墨纸当滤纸，将铜罐穿孔做成滤杯，冲煮出了令人满意的咖啡。1908 年，她为此申请了专利，她的丈夫和儿子也成为公司的第一批员工！

很好

手动滴滤式咖啡

可以选购的设备

手冲壶与滤具
（Chemex、V60）

磨豆机分为电动和手动。磨豆机可以保证得到新鲜现磨的咖啡粉。

鹅颈水壶可以控制出水量和水流运动。而且，使用起来十分优雅！

终极装备：带计时器的高精度电子秤。可以控制咖啡粉量和水量！如果没有秤，可以参考 1 汤匙满勺的咖啡粉为 10 克。

需要控制的参数

水温
92℃～96℃

粉水比
约 60 克/升

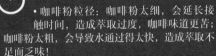
水接触咖啡粉的时间取决于：

·咖啡粉粒径：咖啡粉太细，会延长接触时间，造成萃取过度，咖啡味道更苦；咖啡粉太粗，会导致水通得太快，造成萃取不足而乏味！

·出水量和水流：先注入少量水闷蒸 30～45 秒，然后连续注入或分段注入剩余水量。冲煮时间持续 3～4 分钟。

·冲煮手法：要挑选适合滤杯的类型。

自动
滴滤机

简直太方便实用了！从咖啡店家那里选择一款咖啡机，既不会把咖啡煮煳，又能控制水温。
尽量避免用加热板给咖啡保温。

假的。不同各类的咖啡壶可以制作出风味各异的咖啡，它们可谓"慢咖啡"之星。

❶ 放置滤纸。

❷ 用热水冲洗。

❸ 清空冲洗用水。

❹ 放入中等研磨度的咖啡粉。

❺ 闷蒸（30秒至1分钟）。

❻ 从中心向外以打圈的方式注水（3～5分钟）。

❼ 取下滤纸即可饮用。

咖啡小奥秘

以打圈的方式分5次注水，可以提升和谐感并充分展现咖啡香气。

Chemex 咖啡壶

Chemex 咖啡壶是1941年由纽约的一位化学博士发明的，灵感来自实验室中的玻璃器皿。它所使用的滤纸较厚，可以更好地过滤油脂，赋予咖啡独特的味道。
这款优雅的咖啡壶是纽约现代艺术博物馆永久收藏的一部分。

水温：
90℃～95℃

粉水比：
60克/升

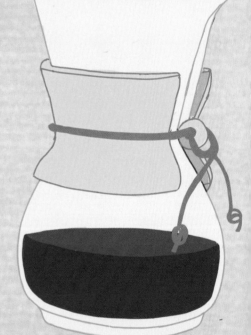

杯中风味

复杂、芳香，
且口感轻盈。

Hario 手冲滤杯

Hario 公司 1921 年成立于东京，最初专注于生产实验室玻璃器皿。1964 年 Hario 因重塑虹吸壶而声名鹊起，这项技术最初由法国 Cona 公司创造。V60 是该品牌标志性滤杯，2005 年问世。V60 滤杯的独特之处在于利用螺旋纹引导水流穿过咖啡粉。

水温：
90℃～95℃

粉水比：
60 克 / 升

杯中风味
醇厚度与香气的
完美平衡。

❶ 放置滤纸。

❷ 用热水冲洗滤纸。

❸ 将冲洗后的水倒掉。

❹ 加入中等研磨度咖啡粉。

❺ 闷蒸（30 秒至 1 分钟）。

❻ 以打圈的方式注水，从中心向外（3～5 分钟）。

❼ 移除滤杯即可饮用。

咖啡小奥秘

确保所有咖啡粉颗粒充分浸润，且没有结块。
通过冲洗滤杯预热，防止热量损失。

是真的吗

意式浓缩咖啡
以泡沫著称

不准确，应该叫"咖啡油脂"（crema），
泡沫是用来描述啤酒的。

Espresso!

Expresso!

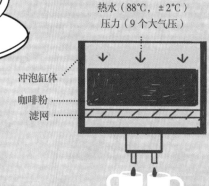

意式浓缩是 expresso 还是 espresso?

在意大利，以及除法国和葡萄牙外的国家，人们使用的是
espresso（在压力下萃取）；法国和葡萄牙则使用 expresso
（制作快速的咖啡）。

热水（88℃，±2℃）
压力（9 个大气压）

冲泡缸体
咖啡粉
滤网

意式浓缩咖啡是什么?

一种现点现做、在压力作用下使用热
水萃取的饮品。萃取时间为 25～30
秒。咖啡粉较细，要匹配合适的研磨
度。最佳冲煮配方：18～20 克咖啡粉
制作 40 毫升双倍浓缩咖啡。

杯中风味

意式浓缩咖啡的特点是浓度非常高（8%～12%，而其他萃取方
式为 1.2%～1.5%）。

口味独一无二，简直无可比拟！

一般来说，意式浓缩咖啡会同时放大醇厚度、甜感和苦味。各
方面达到平衡时，这个冲煮配方就是完美的。

烘焙师必须了解咖啡的酸度，以便调整烘焙风格。

萃取时间很短，杯中风味会随萃取时长而变化：

• 1 秒～20 秒：酸性物质　　• 20 秒～28 秒：糖分　　•超过 28 秒：苦涩物质

萃取时间也会根据烘焙度而变化，深烘咖啡的萃取时间较短，浅烘咖啡则较长。

咖啡油脂

咖啡油脂是意式浓缩咖啡不可或缺的一部分。水在压力作用下溶出咖啡烘焙中产生的二氧化碳和乳化剂。注水后，二氧化碳重返气态，产生上千个小气泡，形成了所谓的"咖啡油脂"，其中还包含油脂、乳化剂和植物细胞碎片。咖啡油脂的密度取决于咖啡品质、新鲜度和豆种。

罗布斯塔种产生的咖啡油脂更多，因为含有更多的乳化剂。

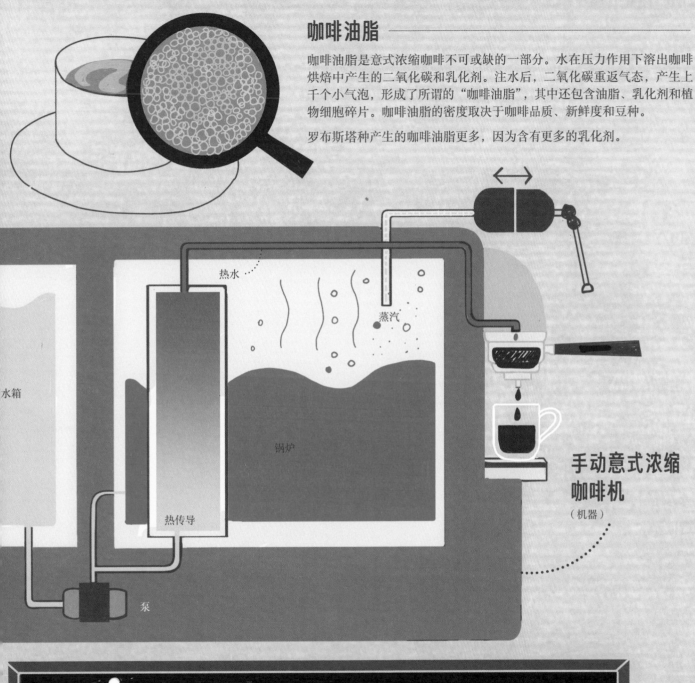

热水

蒸汽

水箱

锅炉

热传导

泵

手动意式浓缩咖啡机

（机器）

研磨

制作一杯好的意式浓缩咖啡，需要将咖啡粉研磨得非常细，研磨颗粒均匀尤为重要。

是真的吗

意式浓缩咖啡
大同小异

假的。以浓缩咖啡为基底的饮品有很多。

手法技巧

无论哪种冲煮方式，咖啡粉最好即磨即用。

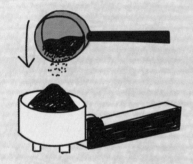

• 将一定量的咖啡粉放入过滤手柄中（一个滤网可以制作两杯）。

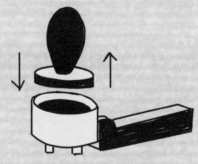

• 使用粉锤将咖啡粉压实，确保表面平整。

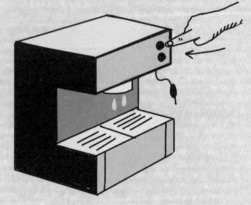

• 清洗冲煮头。

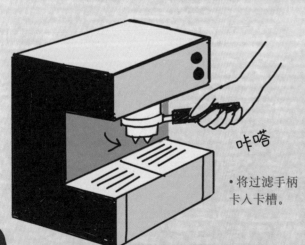

咔嗒

• 将过滤手柄卡入卡槽。

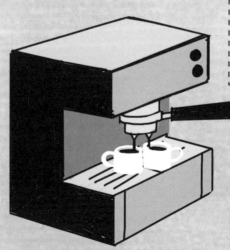

冲煮配方：

根据粉碗的大小调整咖啡粉量。使用 18 克咖啡粉制作 36 克饮品。

• 冲煮 25 秒。

咖啡油脂应略微呈现斑点或虎皮纹。如果 25 秒刚好萃取完，则咖啡的研磨度合适，否则就需要调整研磨度。

咖啡加水

意式浓缩咖啡

芮斯崔朵

长萃咖啡

美式咖啡

咖啡加……

卡布奇诺
（咖啡 + 牛奶 + 奶泡）

拿铁
（咖啡 + 牛奶）

玛奇朵
（咖啡 + 奶泡）

榛果拿铁
（咖啡 + 牛奶）

康巴纳
（咖啡 + 打发奶油）

摩卡
（咖啡 + 巧克力 + 牛奶）

茴香酒咖啡
（咖啡 + 白兰地）

阿芙佳朵
（咖啡 + 香草冰激凌）

冰咖啡
（咖啡 + 冰块）

咖啡师是怎么做的？

咖啡师借助式咖啡机的蒸汽喷嘴，向牛奶中注入空气来打发奶泡。一般需要用掉几升牛奶练习才能掌握正确手法。注意温度不要超过 70℃！高于这个温度，牛奶变熟，泡沫会变酸。

奶泡

在家制作

对于个人而言，有适合家用的奶泡机（从简单的搅拌器到乳化器都有）。如果没有这些设备，可以尝试这个自制配方：

- 将牛奶倒入玻璃罐中，不要放太多（放罐子的一半即可），因为需要为泡沫留出空间！

- 将罐子（不封口）放入微波炉中加热 60 秒（注意牛奶不得超过 70℃）。

- 罐子封口，用力摇晃 20 秒左右。奶泡就做好了！

只有浓缩咖啡利用压力萃取

假的。也有其他咖啡器具利用水的压力萃取，例如摩卡壶和虹吸式咖啡壶。

摩卡壶（渗滤式）

1933 年由阿方索·比亚莱蒂（Alfonso Bialetti）发明，是意大利人在家制作咖啡最常用的方法。

研磨度：中等
（介于意式浓缩与滴滤式咖啡之间）

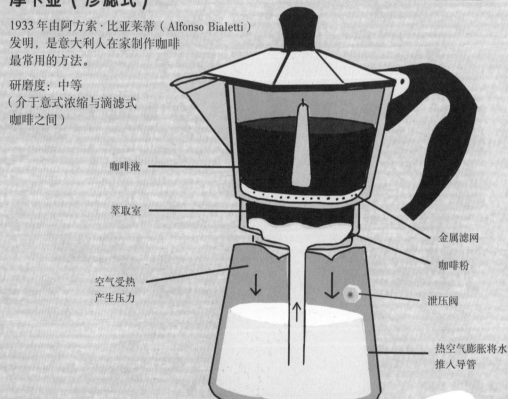

咖啡液

萃取室

空气受热产生压力

金属滤网

咖啡粉

泄压阀

热空气膨胀将水推入导管

❶ 在下壶中加水，加到小螺丝位置（泄压阀）。

❷ 在粉槽中放入咖啡粉，用小勺压实。

❸ 将咖啡壶置于火上。关键是控制热源，不要把咖啡煮沸。

嘶 嘶 嘶 嘶

❹ 冲煮结束时会发出特别的哨声，哨声响起应立即关火。

☕ 咖啡小奥秘

直接加入煮沸的水，这样趁金属加热咖啡粉之前，水就能上升到顶部。

杯中风味

接近浓缩咖啡，但没有漂亮的咖啡油脂。

虹吸式咖啡壶（正压/负压）

这种咖啡壶是在1830年左右发明的，在法国，它更为人熟知的名字是Cona。虹吸壶制作咖啡需要细致与耐心，因此它成为了日本的代表性产品。这是最让人震撼的咖啡制作方法！

咖啡粉研磨度：中等
粉水比：55克/升
冲煮时间：1～2分钟

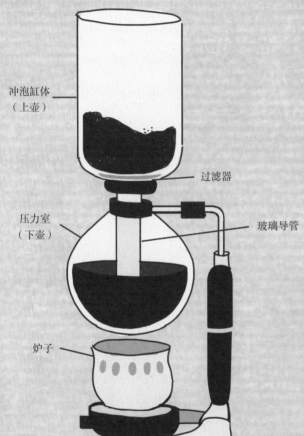

冲泡缸体（上壶）

过滤器

压力室（下壶）

玻璃导管

炉子

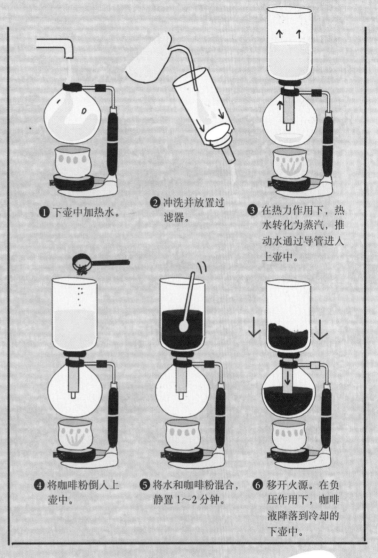

❶ 下壶中加热水。

❷ 冲洗并放置过滤器。

❸ 在热力作用下，热水转化为蒸汽，推动水通过导管进入上壶中。

❹ 将咖啡粉倒入上壶中。

❺ 将水和咖啡粉混合，静置1～2分钟。

❻ 移开火源。在负压作用下，咖啡液降落到冷却的下壶中。

咖啡小奥秘

使用卤素炉的效果令人叹为观止！

杯中风味

咖啡饮品芳香四溢，带有焦糖味和甜酒质地。

可以带！如果你不想忍受旅馆难喝的咖啡，那么法压壶（French Press）或爱乐压（Aeropress）就是极好的旅行用咖啡壶。

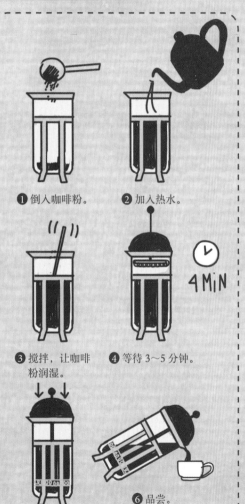

① 倒入咖啡粉。

② 加入热水。

③ 搅拌，让咖啡粉润湿。

④ 等待 3～5 分钟。

4 MIN

⑤ 向下压。

⑥ 品尝。

法压壶

1923 年，一名法国人申请了法压壶的专利。后来的数十年间，法压壶一直在法国本土生产，在法国家家户户的厨房中都可以看到它的身影。这款咖啡壶使用简单，只要对制作方法和配方稍加留意，就可以轻而易举地做出好咖啡。金属滤网允许最细的咖啡粉颗粒通过，因此咖啡会更加醇厚。

研磨度：粗
冲泡时间：3～5 分钟
水温：90℃～95℃
粉水比：60～75 克／升

咖啡饮品

萃取稳定，醇厚香浓。

━ 咖啡小奥秘 ━

按压的方式会影响酸性物质和油脂萃取。

爱乐压

2005 年，阿朗·阿德勒（Alan Alder）发明了这款咖啡壶，它抗摔耐用，而且十分轻便，一经问世就备受欢迎。咖啡液与活塞之间的热空气使咖啡在压力作用下实现萃取，口感醇厚。爱乐压很好玩，我们可以灵活调整所有参数！

研磨度：细到中等
冲煮时间：1～3 分钟
水温：85℃～95℃
粉水比：15 克 / 250 毫升
（最大水容量为 260 毫升）

传统法 / 正压法

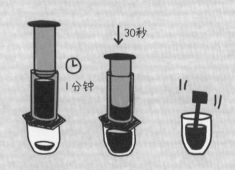

倒置法 / 反压法

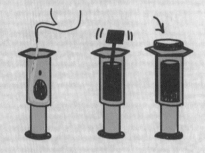

咖啡小奥秘

按压越用力，圆润饱满的口感就越突出。

杯中风味

口感圆润柔和。

109

真的。煎煮法是通过沸水溶解主要活性成分和芳香物质的一种萃取方式，可以用于熬制汤药，也可以用于制作咖啡！

土耳其咖啡是土耳其的吗？

这种制作方法据说是土耳其的，曾经在奥斯曼帝国的领土内使用，如今常见于近东、巴尔干半岛和历史上曾受奥斯曼帝国统治的一些北非国家。

❶ 将所有材料倒入容器中。 ❷ 充分搅拌。 ❸ 用小火加热至液体微微抖动。

❹ 从火上移开。 ❺ 重新加热。重复1~2次。 ❻ 全部倒入杯中。

❼ 待咖啡渣沉淀后，就可以细细品尝了。

制作方法：

· 每杯使用 2 满勺咖啡粉，研磨度与面粉相似；

· 适量糖（每杯最多4勺）；

· 清水适量；

· 也可以添加一小撮豆蔻、开心果或橙花。

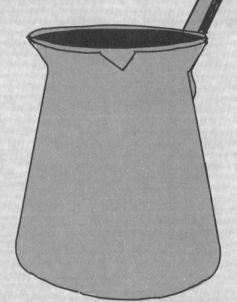

咖啡小奥秘

将杯子倒置，可以通过咖啡渣进行占卜。

牛仔咖啡

用咖啡壶在火上煮制。

❶ 加四分之三水。

❷ 置于火上。

❸ 水沸关火，加入咖啡粉（粗研磨度）。搅拌，直至闻到焦糖味。

❹ 再次置于火上。

❺ 煮开马上离火，立即上桌。

❻ 加冷水，让咖啡粉颗粒沉淀。

"无糖，无奶，只有咖啡"，你就是真正的牛仔。

咖啡小奥秘

要想成为一名南方超级牛仔的话，制作一道红眼肉汁吧。煎完厚厚的火腿片后，倒入咖啡，溶化锅底残留物，制成酱汁。

是真的吗

自动咖啡机
也能做出
好咖啡

真的。如果想手动做出一杯好的意式浓缩咖啡，需要掌握咖啡师的技术。时间不够或者缺乏训练的情况下，自动咖啡机是个不错的折中方案。

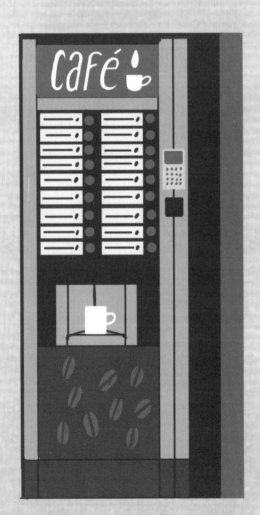

自动咖啡机的种类

因容量和自动化程度不同，自动咖啡机的样式繁多，数不胜数。有些大型咖啡机堪称庞大，自动化程度更高，还整合了一些其他产品的功能，比如暖杯盘和支付系统。

有些品牌面向个人用户推出了小型家用咖啡机。

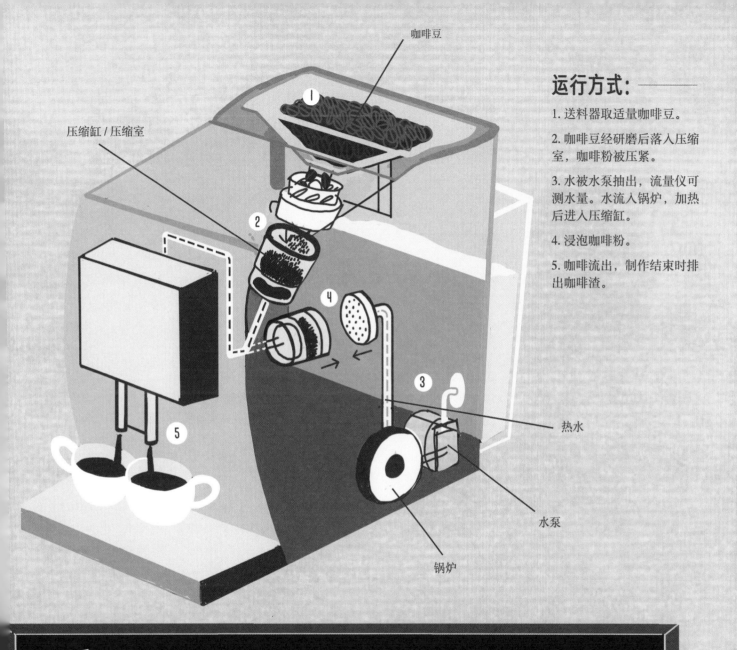

咖啡豆

①

压缩缸 / 压缩室

②

⑤

④

③

热水

水泵

锅炉

运行方式: —————

1. 送料器取适量咖啡豆。

2. 咖啡豆经研磨后落入压缩室，咖啡粉被压紧。

3. 水被水泵抽出，流量仪可测水量。水流入锅炉，加热后进入压缩缸。

4. 浸泡咖啡粉。

5. 咖啡流出，制作结束时排出咖啡渣。

咖啡小奥秘 —————

这些机器简单实用，会提供一些手动选项，例如可以调节水（水量和水温）和咖啡粉（粉量和研磨度）。人们可以选择喜爱的咖啡。要想保证咖啡的品质和机器的使用寿命，就要重视机器的维护和保养。

是真的吗

咖啡是一种热饮

假的。咖啡也可以用多种方法做成冷饮享用，既清爽又美味，简直不可思议！因萃取的水温不同，咖啡的味道也会截然不同。

如何制作咖啡冷饮？

倒一杯咖啡，先放在一边，然后去照顾两个孩子……

没有孩子的话

尽管咖啡潮人可能会不高兴，但正宗的冰咖啡配方用的就是速溶咖啡！

冷水，加冰块，再加入一匙速溶咖啡，搅拌好就可以享用一杯冰咖啡啦！还可以点缀牛奶、冰激凌、糖浆等。

热咖啡瞬间冷却：咖啡会变得更酸

制作热咖啡（滴滤式、意式浓缩、法压壶等），然后将其倒入冰块中，就得到一杯**加冰咖啡**。

热咖啡与冰块一起混合摇匀，就得到一杯**冰咖啡**。

将浓缩咖啡倒在香草冰激凌上即为阿芙佳朵。

也可添加各种配料，如牛奶、奶油、冰激凌、糖、糖浆等，顶部还可以搭配鲜奶油、冰激凌等。

制作冷萃咖啡（冷泡）：咖啡因含量高

冷萃咖啡是使用常温水或冷水进行萃取的饮品。不加热的情况下，萃取时间较长（8～15小时）。萃取出的咖啡与热饮如此不同，让人惊喜。它醇厚度更好，甜度更高，芳香迷人，质地如酒。

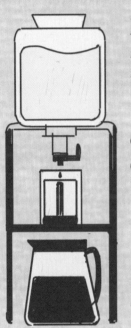

冰滴咖啡

研磨度：极细
粉水比为 1：10

❶ 使用冷水。

❷ 出水阀可以调整滴速（像心跳的节奏）。

🕐

萃取时间

8～15 小时

❸ 加冰块饮用。

❹ 冷藏可以保存 3 天。

冷萃咖啡（冷泡）

❶ 倒入冷水。

❷ 混合并盖好。

🕐 浸泡时间
8～15 小时。

❸ 按压。

❹ 过滤并澄清。

❺ 加冰饮用。

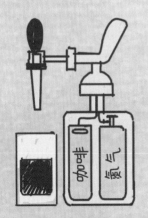

一种加压咖啡：氮气咖啡

可以的话，为什么不尝试一下呢?

向冷泡咖啡中注入中性气体，比如氮气，这样做出的咖啡带有浓稠的泡沫，近似乳状。在一些咖啡店可以喝到这种咖啡，在家也可以享用罐装的氮气咖啡!

是真的吗

咖啡渣

扔掉就好

假的。咖啡只被提取了约 20% 的成分，咖啡渣中还包含很多物质，并含有大量矿物质，有时被称作"棕色黄金"。谁会把金子扔掉？

家务好帮手

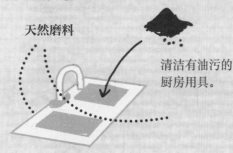

天然磨料

清洁有油污的厨房用具。

定期将咖啡渣倒入水槽，用水冲洗，可以维护管道。作为磨料，咖啡渣可以清洁管道，并防止产生异味。

剥完蒜和洋葱后可以用咖啡渣搓手。

吸收异味

将咖啡渣放入冰箱中。

美容产品

将咖啡渣与植物油混合可以做成磨砂膏，咖啡渣还有一个小加分项，就是咖啡因。这些特性常被应用于一些高档化妆品。

天然染料

木材染色：三分之一咖啡渣、三分之一水和三分之一白醋混合，静置 1 小时。用布将混合液涂于木材表面。

织物染色：用一块布包住咖啡渣，与织物一起用热水浸泡。

花园里

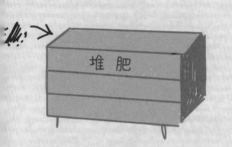

可用作堆肥活化剂。

可以用作天然肥料。咖啡渣晾干后，给植物施肥。

与土壤（50% 咖啡渣和 50% 土壤）混合可保持土壤湿度。

咖啡渣还可以用来种蘑菇，咖啡渣＋纸壳板或稻草＋菌丝体，保证会有收获。市场上可以买到现成的套装。

可以驱除昆虫、鼻涕虫和蜗牛。

据说将咖啡渣施于绣球花脚下会使花变蓝。也许可以，但我们没有测试过。

燃料

干咖啡渣是一种非常好的燃料，它可以将微弱的火苗烧旺，还有用咖啡渣制成的燃料棒。

也对也错。糖可以掩盖咖啡的苦味，但也会遮掉复杂的香气，打破风味平衡。如果一定要加糖，尽量少放。

水

在很多场所，咖啡会搭配一杯水。喝咖啡之前喝些水，可以冲洗口腔和味蕾；喝咖啡之后饮水，可以减弱品质欠佳的咖啡所残留的苦味。

土耳其的传统是用土耳其咖啡和一杯水欢迎宾客。如果客人先喝水，就表示他饿了；如果先喝咖啡，就表示可以继续聊天！

巧克力

咖啡和巧克力很相似，同样生长在热带地区。哪种咖啡配哪种巧克力？试试看吧，有很多组合呢！

有一种小块的巧克力，叫"那不勒斯人"，常常与咖啡一起端上来，它其实并非来自意大利，而是法国。这个创意是 20 世纪初圣艾蒂安（Saint-Étienne）的巧克力大师欧仁·魏斯（Eugène Weiss）提出的。现在这已经成为必备组合了。

奶酪

咖啡尤其适合搭配奶酪。

• 浓郁的咖啡可以搭配口味较重的奶酪，如马鲁瓦勒（maroilles）、卡芒贝尔（camembert）等。

• 甜味和果味的咖啡可以搭配山羊奶酪或微咸的硬质奶酪。

试着为它们找到平衡吧，即奶酪不会争抢咖啡的味道，

咖啡也不会掩盖奶酪的味道。

水果，与咖啡不太好搭配

要实现水果与咖啡的完美融合可不太容易，不过，很多水果煮熟后便与咖啡十分相配了。这种搭配最适合采用耐煮的水果，比如苹果、梨、香蕉和菠萝。杏仁、开心果、榛子等干果也很合适。另外，可以尝试一下咖啡苹果泥。

酒，说来话长 ────────

咖啡特别适合搭配烈酒，如雅文邑（armagnac）、朗姆酒、威士忌、白兰地和卡尔瓦多斯（calvados）等。

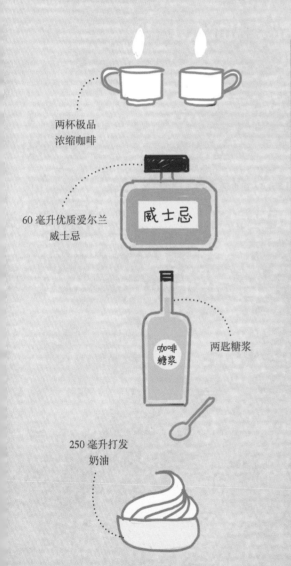

两杯极品
浓缩咖啡

60毫升优质爱尔兰
威士忌

两匙糖浆

250毫升打发
奶油

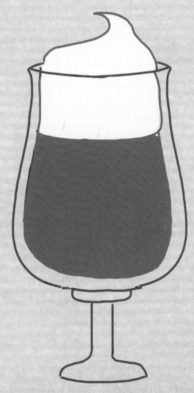

别忘了还有"鸭子方糖"（le canard），将一块浸满酒的方糖在咖啡中蘸一下。

方糖

有55%的法国人
喝咖啡加糖。

是真的吗

食谱中含咖啡的美食只有提拉米苏

假的。咖啡可以当作一味香料，有酸味，香气浓郁，少量使用即有效果。我们可以充分利用新鲜烘焙的咖啡中所含的各种味道。

烹饪中如何使用咖啡?

蒸煮

咖啡粉可以给水增香。

煮肉汤

咖啡豆可以给肉汤提味。

做鱼

在咖啡液中煮制鱼类。

用于酱汁和腌泡汁的调味

用浓缩咖啡或长泡咖啡调味，咖啡粉可以增加质感。

融化锅底的肉汁

使用浓缩咖啡或长萃咖啡制作酱汁。

用咖啡粉为菜品提味。

如何制作咖啡糖浆？

将 300 克糖熔化成深色焦糖。

加入 200 克捣碎的咖啡豆。

倒入 400 毫升热水。

10 分钟

煮约 10 分钟。

装入罐中，冰箱冷藏可保存 3 个星期。咖啡糖浆闻起来香气较淡，但作用很大。主要用于增强咖啡奶油酱或肉汁的味道。

做甜点时将咖啡加入牛奶或奶油中

将液体（奶油、牛奶、植物饮品）煮沸，然后等温度降到 90℃时，加入细咖啡粉（13 克 / 升）。浸泡 6～7 分钟，再用滤布过滤，如有新丝袜更好，这样可以滤除所有咖啡粉颗粒。

烹饪香嫩肉类

在平底锅中将肉块煎至焦黄，用小牛肉汤汁和少许胡萝卜溶解锅底残留物，再铺一层整粒咖啡豆，将煎好的肉块放在上面。

盖上锡纸，放入烤箱焖烤。咖啡豆会给肉带来细腻的香味。

作者介绍

安妮·卡隆，经营着家族咖啡烘焙公司。2017 年荣获法国最佳烘豆师称号。她从小就沉浸在咖啡的世界中，毕业于植物生物学专业，精通咖啡科学，并将专业知识运用于咖啡烘焙中。

她贴近生产者，力求优化生产方式，只做可溯源的精品咖啡，缩短合作链条。这种做法使生产者的工作价值得到提升，生产出更高品质的咖啡并过上了更好的生活。

梅洛迪·当蒂尔克，法国知名插画师，曾为《啤酒有什么好喝的》《葡萄酒有什么好喝的》等作品绘制插图。

参考书目

Ronny Billemon, *Equilibrium in water and coffee*, 2018.

Flávio Meira Borém, *Handbook of coffee post-harvest technology*, 2014.

Hippolyte Courty, *Café*, éditions du Chêne, 2015.

Britta Folmer, *The craft and science of coffee*, Academic Press, 2017.

James Hoffmann, *The world atlas of coffee*, Firefly Books, 2014.

Rob Hoos, *Modulating the flavor profile of coffee*, 2015.

Heinrich Eduard Jacob, *L'Épopée du café*, éditions du Seuil, 1953.

Gerhard A. Jansen, *Coffee Roasting*, Magic-Art-Science, SV Corporate Media, 1953.

Stéphane Lagorce, *Café*, Hachette Pratique, 2008.

Scott Rao, *The coffee roaster's companion*, 2014.

The book of roast, Roast Magazine, 2017.

Jean Nicolas Wintgens, *Coffee : Growing, Processing*, Sustainable Production, Wiley-VCH, 2012.

Zeleke K. Challa, Aaron P. Davis, Tadesse Woldemariam Gole, *Coffee Atlas of Ethiopia*, Royal Botanic Gardens, Kew, 2016.

参考网站

http://www.ico.org/documents/cy2015-16/Presentations/national-coffee-policies-nicaragua-march-2016.pdf

https://www.forumdelcafe.com/sites/default/files/biblioteca/nicaragua.pdf

https://journals.openedition.org/etudesrurales/8540

https://www.anacafe.org/uploads/file/9a4f9434577a433aad6c123d321e25f9/Gu%C3%ADa-de-variedades-Anacafé.pdf

http://www.marn.gob.gt/Multimedios/9809.pdf

http://www.inec.go.cr/sites/default/files/documetos-biblioteca-virtual/reagropeccensocaf2003-2006-01.pdf

http://www.icafe.cr/informacion-geografica-cafetalera/

http://www.icafe.cr/nuestro-cafe/regiones-cafetaleras/valle-central/

https://www.arcgis.com/apps/MapJournal/index.html?appid=ad8302d6b15f468c8534f54a6747e104

https://www.mida.gob.pa/upload/documentos/cierre_2016-2017_pdf%281%29.pdf

索引

图书在版编目（CIP）数据

咖啡图解小百科 /（法）安妮·卡隆著；（法）梅洛
迪·当蒂尔克绘；梁浩漪译 . -- 成都：四川文艺出版
社，2024.6
ISBN 978-7-5411-6730-0

Ⅰ . ①咖… Ⅱ . ①安… ②梅… ③梁… Ⅲ . ①咖啡—
基本知识—图解 Ⅳ . ① TS971.23-64

中国国家版本馆 CIP 数据核字 (2023) 第 210486 号

Originally published in France as:
Cafégraphie
By Anne Caron & Mélody Denturck
Copyright © 2020 Hachette - Livre (Hachette Pratique)
All rights reserved.

本书简体中文版权归属于银杏树下（上海）图书有限责任公司
版权登记号：图进字 21–2023–48 号
审图号：GS 京（2023）0949 号

KAFEI TUJIE XIAOBAIKE

咖啡图解小百科

[法]安妮·卡隆 著　[法]梅洛迪·当蒂尔克 绘

梁浩漪 译

出 品 人	冯　静	选题策划	后浪出版公司
出版统筹	吴兴元	编辑统筹	王　頔
责任编辑	李国亮　王梓画	特约编辑	李志丹　余椹婷
责任校对	段　敏	装帧制造	墨白空间·张静涵
营销推广	ONEBOOK		

出版发行	四川文艺出版社（成都市锦江区三色路 238 号）
网　　址	www.scwys.com
电　　话	028-86361781（编辑部）

印　　刷	河北中科印刷科技发展有限公司		
成品尺寸	210mm×210mm	开　本	20 开
印　　张	6.4	字　数	70 千字
版　　次	2024 年 6 月第一版	印　次	2024 年 6 月第一次印刷
书　　号	ISBN 978-7-5411-6730-0		
定　　价	88.00 元		